[法] 勒·柯布西耶 著
杨至德 译

走向新建筑

U0351907

江苏凤凰科学技术出版社

英译者序

"不要说,
先前的日子
强过如今的日子,
是什么缘故呢?"
——《旧约·传道书》七章十节

　　一个生活在 18 世纪的人,蓦然间一头扎进我们的文明,一定会觉得像做了一场噩梦。

　　一个生活在 19 世纪 90 年代的人,看到很多现代欧洲绘画,也一定会觉得像做了一场噩梦。

　　一个生活在当代的人,读了这本书,恐怕也会觉得像做了一场噩梦。我们印象中关于"英国人的堡垒"的最珍视的部分——青苔遍布的瓦屋顶、带有山形墙的房屋、斑驳的铜锈——被当作即将扔掉的玩具对待,而作为替代品提供给我们的是高 60 层的拥挤公寓,坚硬而干净的混凝土房屋,类似船舱或汽车里的那种强调功能却冷冰冰的装置……总之到处是批量生产的标准化产品。

　　对此我们不必过度惊慌。到目前为止,构成现代文明的所有发明创造,无一不引发类似的恐慌。曾有人预言,铁路会破坏村庄,汽车会破坏道路,而飞机会破坏我们头顶上的天空。所有这些都发生了,在很大程度上来说预言的确成为现实,但人类依然存活下来,并不断发展进步,他们的喜怒哀乐和之前也没什么不同。实际上,人类有着一种不寻常的适应新环境的能力。他们学着接受那些新奇的形体,甚至在暗地里喜欢它们。新的形体在一开始是令人生厌的,但如果它具有真正的生命力和存在的理由,就会变成人类的朋友。单纯的空想会很快死亡。

如今，在现代机械工程领域中，形式的发展主要是为了与功能和谐一致。设计师或者发明家或许并不关心成品的外观，甚至根本没想过去关注这些。但是，人类天生具有可以将事物有序地安置的本能，只不过能力大小因人而异。即使他们自己并没有意识到，这种本能也在起着作用。最平常不过的汽车引擎就是这方面的典型例子，它们有些被安置得十分凌乱，有些却被安置得井井有条。在结构工程领域，也有着类似的情况。现代钢筋混凝土大桥或者水坝可能是粗糙丑陋的东西，也可能展现出庄严和朴实的美感；在哪一种情况下，它们均结构优良，功能性好。

工程师们注重功能，并以直接满足新的需要为目标，这不可避免地催生了新奇的形体，它们刚开始令人吃惊，让人觉得古怪和难以接受。这些新的形体中，有一些没有被经常复制的价值，所以很快就消失在垃圾场里，而另外一些却经受住了实用性和标准化方面的考验，成为于人类有利的事物，并在我们的通用设备中占有一席之地。这些优美的新形体，尽管第一眼看上去是那样陌生和令人生厌，长远看来却具有强大的吸引力，一如出现在任何正常的历史时期中的那些具有类似功能的形体。

工程师和建筑师工作时，花费的都是客户的钱。因此他们必须考虑客户，就像政客们那样，无法过于超前。另一方面，艺术家们，尤其是画家们，虽说经常穷困潦倒到几乎不能生存，但只要能够安贫乐道，至少（偶尔）拥有在纸上或画布上表达自我的自由，不必顾虑任何人或东西，可以进行纯粹意义上的实验和探索。今天我们被一小撮艺术家重新燃起激情，创造出一批令人既不安又敬畏的作品，而它们又毫无必要地惹恼了很多人。

现代的工程师们，首先追求的是功能，其次才是形式，但他们的作品总是有着还不错的造型。而优秀的现代油画家为了造型本身而追求造型，如果他具有必要的能力，作品的造型就一定会令人满意。

　　这种事情确实发生在现代的工程师们和油画家们身上。对于运用各种手段把功能和形体结合起来的建筑师们来说，是否也是如此？勒·柯布西耶先生断然告诉我们："不！"他的书是对同行们的挑战。他写作，作为一位建筑师为众多建筑师写作，作为一个关注伟大时代的成就的学者写作，带着遗憾而不是愤怒写作。他不是野兽派，不是"革命家"，而是一位态度十分严肃、头脑十分清醒的思想家。诚然，《走向新建筑》这本书原本是写给法国读者的，书中的一些观点显然对英国人或美国人不会有很大触动，但是，哪怕他仅仅能够鞭策我们——无论是建筑师还是普通人——去尝试发现我们前进的方向、对那条不管是否愿意都必须去走的陌生道路产生朦胧的认识，那么这本书就称得上是现有的书中最有价值的一本。*

　　勒·柯布西耶先生告诉我们，当今的普通建筑师，是胆小、懦弱的家伙，他们不敢面对现实。他们会利用这个或者那个历史时期的"风格"来要点儿小聪明，把精力放在搞出一些"哥特式""古典主义""都铎式""拜占庭式"诸如此类的东西上面。勒·柯布西耶说，建筑师们将大量的精力投入学习这些肤浅的表面化的东西上，自然可以娴熟地运用这些"风格"。他还说，仅靠这些，连稍好一些的建筑都造不出，更不要说伟大的建筑了。**

---

* 参见勒·柯布西耶之后的著作《城市规划》和《今日装饰艺术》。

** 这当然是一种比较新的情况，大体开始于工业革命时期，但也有个别例外；在英国的维多利亚时代，尽管还有着各种不完善的地方，它已经有了自己的思想内涵和面貌。

但人们都说，我们无法逃离过去，也无法无视我们从中挣脱出来的那些陷坑。这些都是真实的；勒·柯布西耶在这本书中颇具独创性，他列举帕特农神庙和圣彼得教堂中由米开朗基罗建造的祭坛这一类的作品，引导我们以直截了当的方式去看待它们，就像人们看待一辆汽车或一座铁路桥那样。在我们对这些建筑的功能和造型都做了一番研究之后——所有偶然的、表面化的东西都被置于应有的次要位置上——它们呈现在新的外表之下，看上去更接近一流的现代混凝土结构体，或是一辆劳斯莱斯汽车，而不是将我们困住的那些拙劣的仿制品。

因此，这本书对建筑的现代研究有重要贡献，也对研究现代建筑有重要贡献；它或许令人烦恼，但毫无疑问它给人以启迪。勒·柯布西耶先生没有浪费任何时间和篇幅去给现代建筑列一份系统的清单；他只是阐释了一些现代人所面临的问题和现代建筑师所面临的问题；他还通过对古代建筑和现代建筑实例的解析，提出了解决的方案。这些问题主要是由现代企业越来越大的经营规模引起的。近些年，托拉斯或者康采恩（联合企业）这类垄断组织在很大程度上转换了它们的角色，看上去更像是"大型商业"的一种稳定模式；而大型商场取代了小店铺；城市居民大批大批地住进了巨大的公寓楼；运输和交通的问题早晚会导致街道的彻底改造——所有的这些意味着新的问题和新的解决方案，而我们要做的事情是，运用这些材料和施工的方法参与其中并加以改善，坚持不懈却并不盲目。

不管我们猜测它的结果如何，这个过程无疑正在进行。属于我们这个时代的建筑，虽然缓慢，却实实在在地在形成；它的轮廓变得越来越清晰。它运用钢材和钢筋混凝土结构、大面积的平板玻璃、标准化构件（如金属窗）、平屋顶、新型合成材料和机器加工出来的新型金属面板；它从飞机、汽车和蒸汽轮船身上获得启发，尽管从一开始就没法从学术角度解决问题——无论如何，所有这些东西都有助于建造一座轮廓清晰可辨的属于 20 世纪的建筑。规整的四方形体和轮廓、强调水平感的十字交叉或者"方格网"状的构图、完全裸露的墙体、朴素经济、只有极少的装饰，这些都是它的特点。演变正在发生，而我们可以开始预想，一种伟大、经典的 * 建筑在发展成熟后将具有怎样高贵的美。

现代人对美的事物会产生自发的兴趣，而将这些兴趣最初的、模糊的痕迹记录下来无疑是件令人愉快的事情。围绕在他身边的机器和工具，既高效又精致，深刻影响着他，使他在不知不觉中获得绝妙的教育。大部分开汽车的人都会从汽车优美的车身、简洁的线条和整体设计中获得愉悦。如此多的人如此热切地关注一个特殊的审美问题已经有不少年头了。因此，这样的预期并不过分：人们的兴趣势必会扩展到现代建筑领域，他们对建筑物的功能性和结构性的单纯欣赏终将转化为对建筑所具有的更深层意义的欣赏。

在这里我要引用几段摘录，它们似乎暗示了这方面的思想倾向。这些摘录并不是来自于那些"革命"的书。

"教育使商业集团、公司和康采恩受到触动，使它们在改善建筑物的大旗下前进……允许建筑师摆脱僵化的思想、自由地进行创作，为城市和城镇的美和便利做出贡献，从而在建筑领域点燃了 20 世纪的精神之火……一些批评家认为工业建筑是可悲的必需品……'功能性的'和'粗糙的'被当成同义词"约翰·克劳格 (John Cloag) 先生在 1927 年 1 月 12 日的《建筑师》杂志上写的这篇文章认为后面的那个观点"让人恼火"，并进一步指出："没有被虚伪的'风格'的假想需要所束缚的功能性对工业建筑的形体是有正面影响的。"

---

* 但绝非模仿的。

佩吉特(R. A. S. Paget)先生给《时代》杂志写了一封信,它的摘要发表在 1926 年 4 月 7 日的《建筑师》杂志上,信里说,摄政大街应该设计成两幢连续的、在不同街区隔街相对的商店大楼,并用有顶的长廊、地下通道和天桥以适宜的间隔联系起来,使顾客能从这一幢走到另一幢而不受日晒雨淋。他也主张从地下铁道站口到商店和公共汽车站之间建造直达的有顶走廊,这样就可以让顾客在屋顶的保护下上下车。商店门前的人行道要有拱廊,在拱廊顶子以上给店面开高窗采光,这样就可以避开纳许(Nash,建筑师)的独创性拱廊的致命弱点。在拱廊顶上可以设露天的、富有吸引力的步行街——天气晴朗时那里是个好去处。此外还应该架设过街天桥。

1925 年 6 月 24 日的《建筑师》杂志"医院"专号的广告栏里,有这样一段文字:"现代医院是消除了不利的和非本质的东西的胜利成果。因为它绝对与建筑的用途相匹配,它的手术室——就像轮船上面的机器房——是世界上最完美的房间之一。"(这真可谓是雅各的声音啊!)

对于批量生产来说,这并不新鲜。机器的大规模使用势必会导致批量生产。不过它的发展历程可以追溯到很久以前。木匠的刨子和扁斧就具有这种关系,安全刀片和老式剃须刀(我承认我很保守,还在用这种)也是这种关系,在这两组例子中,较为现代化的那两件物品可以称为批量生产的产物。印刷也可以看成批量书写。在这个国家里,我们已经被畏畏缩缩的"艺术和手工艺运动"束缚了手脚,而这类运动让我们产生一种情绪,想要否定批量生产的真正价值,并将它拒之门外。虽然这种情绪挥之不去,却可以忽略不计,甚至那些"具有艺术气质"的人也在毫无芥蒂地享用着批量生产的成果。

总之,在考虑这本书讨论的关键问题的时候,我们必须避免任何势利的行为。举一个小小的不重要的例子来说,那些反对在路边建加油站的呼声,在我看来就是纯粹的瞎胡闹。当然,我不是非要说加油站多么漂亮、多么吸引人,但它们与那些信箱和灯柱相比,肯定更讨人喜欢。

它们被漆上清晰的"纹章"颜色，同时也确实起到了"纹章学"意义上的作用，并且为我们那些糟糕的郊区和死气沉沉的村庄环境增添了一些色彩与活力。

出版这本书的英译本的目的，是激活人们的思想，引起对书中所讨论的严肃问题的兴趣。我丝毫不怀疑，书中一些插图上的法国现代建筑虽然在我眼中不怎么可爱，但任何建筑流派都可能有这样的个别作品。我认为我们可以这样理解，我们的国家在解决中小型住宅问题上很有作为，这些住宅整齐、实用、经济，整体上十分漂亮，但是在城市的大规模规划方面，在为将来必需的巨大现代结构作准备的方面，国家并没有做什么事情。读读这本书，可能有助于在这些方面打开思路。

必须为本书的翻译说几句道歉的话。勒·柯布西耶先生在写作的时候运用了类似"断奏"的手法，就算是看法语原文多少都有些费解；与此同时，他的书还具有"宣言"的性质。我的目标是提供一份尽可能忠实于原文的译本，为此付出的代价则是，一些表达显得笨拙，带有"高卢主义"风格。

——弗莱德里克·埃切尔斯（Frederick Etchells）

笔注：写下上面这些文字之后，就像我的读者那样，我满怀兴致，心情愉悦地阅读一篇令人称羡的报道。那是霍华德·罗伯森先生在英国皇家建筑师学会的一篇报告，题目是"法国现代建筑"，时间是 1927 年 3 月 14 日。那个报告及其随后的讨论，是那么地明智而清醒。我建议本书的读者去找一份 1927 年 3 月 19 日的《英国皇家建筑师学会早报》，那上面有全文报道。

——F.E.

目录

概述

工程师的美学和建筑学

工程师的美学和建筑学，是两个互相联系的事物，一个如日中天，另一个则正可悲地衰落。

工程师在经济法则的启示和数学计算的引导下，引领我们与普遍法则协调一致，达到和谐。

建筑师通过对各种形体的安排，实现某种秩序，而这种秩序正是一种纯粹的精神创造；他用这些形体深刻地影响着我们的意识，激发我们对于造型的热情；他用他创造出来的和谐关系在我们中间唤起共鸣，他给了我们衡量一种秩序的量度，而这种我们所感知到的秩序和我们所处世界的秩序协调一致，他决定了我们的心理和认知的各种活动；通过这些，我们体验到了美感。

致建筑师们的三项备忘 | 体

我们的眼睛是为观看光线下的各种形体而生的。

基本的形体是美的，因为它们可以被清晰地鉴赏。

当今的建筑师已经不能再实现这些简单的形体了。

工程师依靠计算来工作，并使用了几何学的形体。他们用几何来满足我们的视觉，用数学满足我们的认知；他们的作品正走在通向伟大艺术的道路上。

致建筑师们的三项备忘 ┃ 面

体由面包裹，面依据体的准线和导线予以划分；它赋予体以特性。

当今的建筑师们惧怕面的几何构成元素。

现代结构的重大问题将在几何学的基础上解决。

工程师们严格服从指令性任务书的要求，利用各种形体的母线和显示线，创造了一些清晰可辨的、给人强烈印象的造型作品。

致建筑师们的三项备忘 ┃ 平面

平面是生成元。

没有平面，就会缺乏秩序、充满任意性。

平面包含着感觉的实质。

未来的重大问题是由共同的需求决定的，有关"平面"的问题将会以一种新的形体被重新提出。

现代生活要求并期待着一种新型的平面，以便用之来设计房屋，对城市进行规划。

基准线

基准线是建筑无法避免的一个要素。

它是秩序所必需的东西。基准线可以避免任意性，便于理解。

基准线是一种手段；它不是一个秘方。基准线的选择和表现形式，是建筑创作的一个组成部分。

视而不见的眼睛 ｜ 轮船

一个伟大的时代已经开始。

存在着一种新精神。

存在着大量体现新精神的作品；它们主要存在于工业产品中。

建筑在陈规陋习中窒息。

那些"风格"都是谎言。

风格是原则的统一，它赋予一个时代所有的作品以生命，它是一种拥有自身独特性的精神状态的结果。

我们的时代正一天天地将自己的风格确立起来。

不幸的是，我们的眼睛还不能识别它。

视而不见的眼睛 ｜飞机

飞机是一个高度精选的产品。

飞机带给我们的教益在于问题的提出与解决之间的逻辑关系的把握与调控。

有关住宅的问题还没有提出来。

然而住宅的标准是存在着的。

机器自身含有经济因素，并且，经济因素促成着选择。

住宅是用来居住的机器。

视而不见的眼睛 ｜汽车

为了完善，必须确立标准。

帕特农神庙正是应用了一项标准而精选出来的产物。

建筑依照标准行事。

标准是有关逻辑、分析、深入研究的事；它们建立在一个恰当"阐述"的问题之上。标准是通过实验得到明确建立的。

建筑 ｜ 罗马的教益

建筑的任务就是利用天然材料，建立起某种情感联系。

建筑超乎功利性需求之上。

建筑即造型。

秩序的精神，意图的统一。

关系的协调感；建筑处理有关数量的问题。

激情能用硬邦邦的石头创造出戏剧来。

建筑 ｜ 平面的幻觉

平面由内部发展到外部；外缘于内。

建筑艺术的要素是光和影、墙体和空间。

布局就是将目标进行分级，将意图进行分类。

人用离地 1.7 米的眼睛来观看建筑物。他只能用眼睛看得见的目标来衡量，用由建筑元素证明的设计意图来衡量。如果人们用不属于建筑语言的意图来衡量，人们就会得到平面的幻觉，由于观念的错误或者对浮华的喜好，从而违反平面的规则。

建筑 │ 纯粹的精神创造

剖面和轮廓 * 是建筑师的试金石。

由此他可以考验自己，证明自己是位艺术家或者只不过是位工程师。

剖面和轮廓是自由的，不受任何约束。

它与习惯、传统、结构方式都没有关系，也不必适应于功能需要。

剖面和轮廓是纯粹的精神创造；它需要造型艺术家。

---

* Mod é nature. 这里我选取了和勒·柯布西耶原文用词的意思最为接近的词。——F.E.

批量生产的住宅

一个伟大的时代已经开始。

存在着一种新精神。

工业，就像奔向终点的洪水那样奔腾翻涌，它为我们带来了适应于这个被新精神激励着的新时代的新工具。

经济法则强制性地支配着我们的行为和思想。

住宅问题是一个时代的问题。当今社会的平衡有赖于它。在这个革新的时期，建筑的首要任务是提出对价值的修正，并重新修正住宅的组成要素。

批量生产是建立在分析与实验基础之上的。

工业应当大规模地从事住宅建造业，批量制造住宅构件。

我们必须树立批量生产的观念：

建造批量生产的住宅的观念。

住进批量生产的住宅的观念。

拥有批量生产的住宅的观念。

如果我们从感情和思想中剔除了关于住宅的固有观念，从批判的和客观的立场看待这个问题，我们就会领悟住宅即工具，要批量地生产住宅，从陪伴我们一生的劳动工具是美好的这一角度来看，这种住宅是健康的（也是合乎道德的）和美好的。

艺术家的情感可能给这些精密而纯净的功能元件带来的活力，也赋予它们一种美。

不搞（新）建筑就要革命

在工业的各个领域内，新的问题不断涌现，与之相应的新型工业不断被创造。如果把这事实跟过去对照一下，这就是革命。

在房屋建造业中，构件已经开始被批量地生产；面对新的经济需要，整体和细部的构件都被创造出来；在细部和整体上都产生了显著的成效。如果我们将这种新的事实与过去对照，这就是方法上和规模上的革命。

建筑的历史，在过去的许多个世纪里，只在构造上和装饰上缓慢地演变，但是最近的五十年以来，钢铁和混凝土一路高歌猛进，建造能力有了巨大提高，一些古老的建筑法则为之所抛弃。与过去相比较，我们就会发现那些"风格"对我们来说已经不复存在了，一种属于我们时代的风格已经建立起来，这就是革命。

我们的意识已经自觉或者不自觉地认识到了这些事实，新的需求也自觉或者不自觉地产生了。

社会的机器，已经彻底运行错乱，在两种结果之间摇摆不定——要么引发一场具有里程碑意义的变革，要么引发一场大灾难。当今社会各个阶层的人们，不再拥有适合他们的安身之所；工人们没有，知识分子也没有。

当今社会动荡的根源在于房子的问题：不搞（新）建筑就要革命。

戛哈比桥（工程师埃菲尔设计）

工程师的美学和建筑学

工程师的美学和建筑学，是两个互相联系的事物，一个如日中天，另一个则正可悲地衰落。

工程师在经济法则的启示和数学计算的引导下，引领我们与普遍法则协调一致，达到和谐。

建筑师通过对各种形体的安排，实现某种秩序，而这种秩序正是一种纯粹的精神创造；他用这些形体深刻地影响着我们的意识，激发我们对于造型的热情；他用他创造出来的和谐关系在我们中间唤起共鸣，他给了我们衡量一种秩序的量度，而这种我们所感知到的秩序和我们所处世界的秩序协调一致，他决定了我们的心理和认知的各种活动；通过这些，我们体验到了美感。

工程师的美学和建筑学，是两个互相联系的事物，一个如日中天，另一个则正可悲地衰落。

一个关乎道德的问题；谎言是不可容忍的，我们会在谎言中灭亡。

建筑是人类的最迫切需要之一，因为房子是人类给自己制造的必不可少的首要工具。人类的工具装备标志着文明的各个阶段：石器时代，青铜时代，铁器时代。工具是发展的产物，凝聚着历代劳动者的努力。工具是时代进步的直接、即时的表现，它们为人类提供了最基本的帮助，也从基本上解救了人类。人们把那些过了时的工具丢弃在废铜烂铁堆里：卡宾枪、火炮、破马车、旧火车头。这种行为是健康的标志，不但是精神健康的标志，还是道德高尚的标志；我们不可以用坏的工具制造出坏的产品；我们也不可以因一件坏工具耗费精力、健康和勇气，那也是错误的；坏的工具就该被丢弃、被替换。

但是人们依然住在古旧的房子里，他们还没有想到改造房子来满足自己新的需求。从古到今，人们都觉得"老窝"才是最贴心的。在这种强烈的情感支配之下，家宅崇拜产生了。屋顶！然后还有其他的家神。宗教都是建立在一些教条之上的。这些教条不会变，但是文化会变，宗教慢慢变得只剩下空壳，坠入尘埃。但是对家宅的崇拜多少个世纪以来一直留存。房子也终将倒塌。

一个奉行某种宗教却不信仰它的人，无疑是个可怜的家伙，他是不幸的。在不适宜居住的房子里居住，也是不幸的，它摧残着我们的健康和道德。我们已经成了不会迁徙的动物，这就是宿命；由于我们充满惰性，房子像肺痨一样啃噬着我们。很快我们就会需要很多的疗养院。我们真是可怜。房子令我们烦闷；我们从房子里逃出来，时常出入餐馆和酒吧；或者愁眉苦脸、蜷缩着身子窝在屋子里，就像一群可怜的动物；我们变得忧郁。

工程师们制造出属于他们那个时代的工具。他们制造了一切，但不包括房子和那些遭了虫蛀的贵妇会客厅。

法国有一所规模很大的国立学校，那里专门培养建筑师。在所有的国家里都有各种各样的专门培养建筑师的学校，它们用花言巧语来迷惑年轻人，教给他们掩饰、伪装、阿谀奉承的本领。这些国立学校！

我们的工程师们健康、富有魄力、积极又能干，他们工作的时候心情平和而愉快。可我们的建筑师们却缺乏灵感、游手好闲，不是爱吹牛就是脾气暴躁。这是因为不久之后他们就会没事可做了。我们再没有钱去竖立那些历史纪念碑了。与此同时，我们需要改变！

工程师们正在为这种局面做着准备，他们将成为建造者。

但无论如何，称得上"建筑艺术"的东西毕竟还是存在的，它们令人赞叹，是最美好的东西。幸福的人们建造了它们，而它们也成就了人们的幸福。

有建筑艺术存在的城市才是幸福的城市。

建筑艺术存在于电话机中，也存在于帕特农神庙中。在我们的房子里，它又是多么如鱼得水啊！房子组成了街道，街道又组成了城市，而城市是具有灵魂的个体，它有感觉，它要承受，它会惊叹。建筑艺术是多么融洽地存在于在街道、城市中！

诊断的结果非常清楚。

我们的工程师们创造了建筑艺术，他们运用从自然法则中推导出来的数学知识进行计算。通过他们的作品，我们感受到了和谐。因此工程师们拥有自己的美学，因为他们必须在计算的时候为方程式中的一些项赋值，这时候，美学情趣就产生了。人一旦进行计算，就会进入一种纯粹抽象的状态，在这种状态下，他必须遵循一些既定的规则。

建筑师们走出像炮制出蓝色绣球花和绿色菊花、培育出脏兮兮的水仙花的温室一样的学校，进入城市，可他们的精神状态就像卖掺了矾或毒药的牛奶的卖奶人。

可是，在各个地方，人们就像盲目相信所有的医生那样相信建筑师。当然，房子应该造得坚固！得到艺术家的指导也是必需的！艺术——按照《拉鲁斯百科全书》里面的说法——就是运用知识来将某种理念转化为现实。而现在，工程师们无疑具备这些知识，他们知道如何将房子造得坚固，也知道如何采暖、如何通风、如何照明。难道不是这样吗？

我们诊断的结果是这样的：工程师们依靠他们的知识，从头开始做起，他们指明了道路，掌握了真谛。建筑也应如此，作为一种带有造型的感性的事物，它也应该在自己的领域内从头开始做起，并且应该选用那些容易打动我们、满足我们视觉需要的元素，打造它们的形象，让它们或精致或粗犷，或宁静或狂暴，或淡漠或热情；让它们在进入我们视野的一刹那打动我们；这些元素亦即造型的元素，它们构成了我们的眼睛可以清楚地看到、我们的内心可以衡量的东西。这些形体，无论是细腻的还是粗粝的、温驯的还是狂野的，都在刺激着我们的感官（球体、立方体、圆柱体、水平的、垂直的、倾斜的等等）。受到感染之后，我们更易于领悟一些超脱于本真的感动之外的东西；某种联系由此产生，并作用于我们的意识，将我们置于一个满足的境地（与统治、主宰着我们一切行为的通用法则产生了共鸣），在这种境地中，一个人可以充分地展现他关于记忆、分析、理解和创造的天赋。

当今的建筑艺术已经不再记得它的本源了。

建筑师们还是喜欢运用各种"风格"，或者热衷于讨论时兴或已经过时的结构问题；他们的委托人，还有公众，依然按照那些见惯了的外观来感受，凭借有欠缺的知识体系来理解建筑艺术。我们外部的世界早已由于机器的使用而急剧转变了外貌和功用。我们获得了全新的观念，过上了全新的社会生活，可我们还没有让住宅跟上这样的步伐。

因此，现在有必要提出房屋的问题、街道的问题和城市的问题，这与建筑师和工程师都有关系。

对于建筑师们，我们提出了"三项备忘"。

体，是我们可以借以用来感知和度量的元素，它可以最充分地作用于我们的感官。

面犹如体的外包装，它可以柔化或者锐化体带给我们的感受。

平面是体和面的生成元，它不可更改地将一切组合成整体。

此外，"基准线"也是为建筑师们而写的，它也是一种手段，将建筑提升为可以感知到的数学，给我们带来关于秩序的有益认知。我们希望能够在那一章节中揭示出一些事实，因为跟关于灵魂和石头的评述相比，事实显然更有价值。这将不会超出自然哲学的范畴，更不会超出我们的认知。

我们并没有忘记房子里的居民和城镇里的大众。我们清楚地认识到，建筑学陷入今天的不良境地，很大程度上应该归咎于那些委托人，那些下订单、做选择、对建筑物进行改动并且支付费用的人。针对这些人，我们写下了"视而不见的眼睛"。

那些嘴里说着"哎呀，我只是个做买卖的，我完全生活于艺术之外，我就是个俗人"的大企业家、银行家和商人，我们见得太多了。我们对他们叫嚷着："你们的目标是制造属于我们时代的工具，并且在全世界范围内创造大量的美的事物，你们把全部精力都放在这个宏伟的目标上了。在经济法则的控制之下，将数学计算与胆识、想象力结合在一起。这就是你们所做的事情；这些，确切地说，就是美。"

但我们也看到了，也正是同样的这批大企业家、银行家和商人，工作之余待在家里的时候，家里的一切都像是要给他们找别扭：空间狭小，还塞满了各种毫无用处而且很不协调的物件和令人厌恶的各种破烂儿——奥布松花毯、秋季沙龙、各种"风格"和无聊的小摆设。我们的朋友看上去很尴尬，却又像关在笼子里的老虎一样束手无策；很显然，他们在工厂里或银行里还能过得高兴点儿。我们以轮船、飞机和汽车的名义，要求获得健康、逻辑、勇气、和谐、完善的权利。

我们会获得理解。这里有显而易见的真理。急于澄清事实并不是什么愚蠢之举。

最后，在有了这么多的谷仓、车间、机器和摩天大楼之后，谈论建筑会是一件令人愉快的事情。建筑是一种艺术，是一种情感表象，它处在建造的问题之外，超乎其上。建造的目的是将事物聚集起来，而建筑的目的是感动我们。当建筑作品随着我们所遵循的通用法则在我们内心发出回响，对于建筑的情感就产生了。当某种和谐形成的时候，我们就会被这件作品征服。建筑就是一种关乎"和谐"的事物，它是"纯粹的精神创造"。

如今，绘画已经领先于其他的艺术形式。

首先，绘画已经与时代形成了共鸣。*现代绘画已经不局限于墙壁挂画、挂毯、盆盆罐罐上面的装饰，它为自己设置了这样一个框架——丰富、充实，远不是一件仅供消遣的事物；它值得人们去沉思。艺术不再是人们谈论的轶事，它催人沉思；在每日的工作闲暇，沉思一下是很好的。

一方面，大多数居民正在寻找合适的居所，这个问题迫在眉睫。

而另一方面，创业者、活动家、思想家、领头人等需要安静而可靠的庇护所来静静思索；对这些特殊人群的健康而言，这是个无法回避的问题。

---

* 当然，我指的是立体主义及其后的探索研究所引起的重大发展，不是近两年来侵袭画家的可悲的没落，画家们被作品滞销弄得心慌意乱，又受到一些既没有艺术素养又敏感的评论家的指责（1921 年）。

　　当今的艺术斗士——画家和雕塑家们，你们不得不忍受太多的讥讽，遭受太多的冷落，既然如此，那就动手收拾你们的房子，跟我们一起重建城市吧！这样，你们的作品将能够在时代的大背景下占有一席之地，你们也能在各个地方获得承认和理解。你们必须知道，建筑确确实实需要你们的关注。不要将建筑问题抛在脑后。

比萨城

谷仓

致建筑师们的三项备忘

| 体

我们的眼睛是为观看光线下的各种形体而生的。

基本的形体是美的，因为它们可以被清晰地鉴赏。

当今的建筑师已经不能再实现这些简单的形体了。

工程师依靠计算来工作，并使用了几何学的形体。他们用几何来满足我们的视觉，

用数学满足我们的认知；他们的作品正走在通向伟大艺术的道路上。

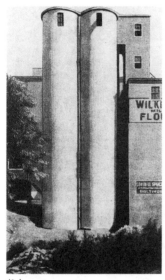

谷仓

　　建筑跟各种"风格"没有任何关系。

　　路易十四、十五、十六式或者哥特式的风格，对建筑来说，就像是插在妇女头上的一根羽毛；它有时漂亮，有时并不漂亮，如此而已。

　　建筑有着更严肃的目的；它体现着崇高性，它用自身的客观存在性触动最本真的天性；它以自身的抽象性激发最大的潜能。建筑的抽象性是如此特别，又有着如此强大的力量，即使它扎根于铁一般的事实，它也能将这些事实精神化，因为这些朴素的事实也无非是可能存在的思想的实体化。

　　朴素的事实只有在被赋予秩序之后才能成为思想。建筑所激发的情感，来源于那些不可抗拒、无法避免、如今却已经被遗忘了的物质条件。

　　体和面是建筑表现自己所需要的要素。

　　体和面由平面决定。平面是它们的生成元。对于缺乏想象力的人来说，这可真糟糕。

建筑是那些组合起来的体在光线下精妙、恰当和出色的表达。我们的眼睛为观看光线下的各种形体而生；光和影展现着这些形体；立方体、圆锥体、球体、圆柱体和棱锥体是光线能够充分展现的重要的基本形体；这些形体的形象对我们来说是非常明晰、确定，毫不含糊。基于这个原因，它们就是美的形体，最美的形体。每个人都认同这一点，孩子、野蛮人和形而上学者也不例外。这就是造型艺术的本质。

埃及、希腊或者罗马的建筑是棱柱体、立方体、圆柱体、三面角锥体或球体的建筑：金字塔、鲁克索庙、帕特农神庙、大角斗场和阿德良离宫。

加拿大谷仓及升降机

加拿大谷仓及升降机

加拿大谷仓及升降机

美国谷仓及升降机

美国谷仓及升降机

美国谷仓及升降机

美国谷仓及升降机

哥特式建筑根本就不是以球体、圆锥体和圆柱体为基础的。仅有主教堂的中厅采取简单的形体，却还是二元的复杂几何形式（十字交叉拱）。正是出于这种原因，主教堂不是特别美，因此我们要在其中寻找造型之外的主观因素作为补偿。作为一道难题的巧妙解决方案，主教堂让我们很感兴趣。可惜这个问题的已知条件不尽如人意，因为它们不是基于重要的基本形体而产生的。主教堂不是一件造型作品，而是一出戏剧，它也是反抗重力的斗争，是情感型的表达。

金字塔、巴比伦塔、撒马尔罕城门、帕特农神庙、大角斗场、万神殿、戛合河大桥、圣索菲亚大教堂、君士坦丁堡（今伊斯坦布尔）的清真寺、比萨斜塔、勃鲁乃列斯基和米开朗基罗设计的穹顶、皇家桥、恩瓦立德新教堂，这些都是建筑。

奥赛车站码头和大皇宫不属于建筑。

当今的建筑师们，迷失在平面图、叶状花纹、壁柱和铅皮屋顶构成的死胡同里，根本没有关于基本体的概念。在学校里也没人教他们这些。

如今的工程师们不追求建筑理念，只简简单单地顺从数学计算的结果（从统治着宇宙的法则中导出）和活的有机体的观念，他们使用了基本元素，并且把它们按规则互相协调起来，在我们的心里引发对建筑的情感，从而使人类的作品与宇宙秩序产生共鸣。

于是我们就有了美国的谷仓和工厂，新时代辉煌的最初成果。美国的工程师们以他们的计算使垂死的建筑艺术深受打击。

庭院：勃拉孟特和拉斐尔

‖ 面

体由面包裹，面依据体的准线和导线予以划分；它赋予体以特性。

当今的建筑师们惧怕面的几何构成元素。

现代结构的重大问题将在几何学的基础上解决。

工程师们严格服从指令性任务书的要求，利用各种形体的母线和显示线，创造了一些清晰可辨的、给人强烈印象的造型作品。

　　建筑是那些组合起来的体在光线下精妙、恰当和出色的表达，建筑师们的任务就是要让包裹着体的面变得生动，通过这种方式，这些面就不会变成寄生虫吞噬体并且掩盖体的优点——这种悲惨的故事目前正在上演。

　　将体在光线下的壮观留给其本身，同时在另一方面却要让体适应功能的需要，要在面必不可少的划分中寻找形体的显示线和母线。换句话说，一个建筑的结构就是一所房屋，一座庙宇或者一个工厂。庙宇或工厂的面在大多数情况下就是一面开着门洞和窗洞的墙；这些门洞和窗洞通常是形体的破坏者；它们必须转变成为形体的表现者。如果建筑的主要形体是球体、圆锥体和圆柱体，那么这些形体的母线和显示线的基础就是纯粹的几何学。可是几何学让如今的建筑师们惊慌失措。如今的建筑师们没有胆量建造比蒂宫和里沃利大街；他们造出了拉斯帕伊林荫道。*

现在，让我们以现实需要为出发点进行观察：我们需要规划得十分合理的城市，它们的体要美观（城市规划）。我们需要一些适合居民需要的干净的街道，要用批量生产的思维和工业化的组织方式指导施工，整体的构思要宏大，建筑的集群要安稳；这些让人欣喜神往，并能带给人们一种美好新事物才能产生的魅力。

为一个简单的基本形体塑造单纯的面，会引起体本身的冲突：这样你就会遇到构思上的矛盾，就像拉斯帕伊林荫道那样。

为复杂的且各部分和谐的体塑造面，就需要在体内部做出调整，保持和谐。一个不多见的例子就是孟莎设计的恩瓦立德新教堂。

在我们这个时代，有关当代美学的一个重要问题就在于，几乎所有东西都倾向于简单体的组合和排列：街道、工厂、大商店。在将来，则会采取综合性的、一般性的方法。

到目前，还没有哪一个时代可与之相比。根据现实需要开有洞窗的面，需要借用简单形体上的母线和显示线。实际应用中，显示线一般呈棋盘状或网格状，比如美国的工厂。但是，这种几何体也会制造恐慌。

不追求建筑理念，只简单地遵从一个指令性的任务书中的要求，现在的工程师们也倾向于获得体的母线和显示线；他们给我们指明了道路，并且创造出了清晰的、简洁的造型作品，让我们的眼睛得到放松，并用几何形体令我们精神愉悦。

这样的作品就是那些工厂，它们是新时代的第一批令人满意的成果。

现在的工程师发现他们遵循的原则与伯拉孟特和拉斐尔许久以前使用过的原则如出一辙。

注意：要倾听美国工程师的建议。但也要提防美国建筑师。证明如图。

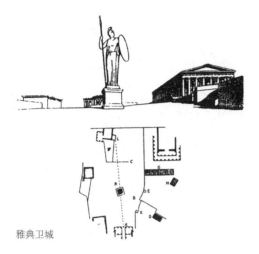

雅典卫城

从山门可见帕特农神庙、厄瑞克修姆神庙、雅典娜神像。不要忘记，卫城的地面起伏很大，很大的高差被利用来作为建筑壮观的基座。整体用地不规则，角度的变化使景观丰富而且精致；建筑物不对称的布局形成了强烈的节奏韵律。整个卫城规模庞大、布局生动有弹性、坡度起伏大，气势非凡。

⫶ 平面

平面是生成元。

没有平面，就会缺乏秩序、充满任意性。

平面包含着感觉的实质。

未来的重大问题是由共同的需求决定的，有关"平面"的问题将会以一种新的形体被重新提出。

现代生活要求并期待着一种新型的平面，以便用之来设计房屋，对城市进行规划。

平面是生成元。

当观察者的眼睛望向街道和房屋的某一处，会受到矗立在周围的体的冲击。如果这些体是规则、整齐的，没有受到不当的歪曲和破坏，如果把它们组合起来表现出清晰的韵律，而不是乱七八糟的一堆，如果体和空间的关系合乎正确的比例，那么，眼睛会把这种协调的感觉传递给大脑，心理上也会从中得到高层次的满足：这就是建筑艺术。

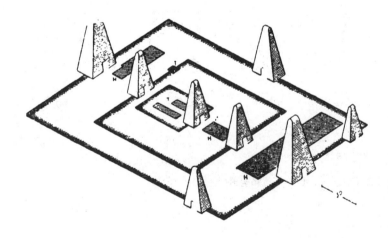

印度教庙宇形制塔　塔群形成空间节奏。

在巨大的内部空间中，墙体和拱顶有多变的面；穹顶决定着巨大的空间；拱顶展示着它们的面；壁柱和墙壁按照我们能够理解的规律互相配合。整个架构从地基处建立起来，并按照画在平面图中的规则发展：形体的高雅，形体的多样性，几何原则的统一性。和谐之感被深远地表达出来：这就是建筑艺术。

平面是基础。没有平面，就没有宏伟的构思和表现力，就没有韵律，就没有体，就没有协调一致。没有平面，就会给人们一种不能忍受的感觉：畸形、贫乏、混乱和任性。

平面需要最活跃的想象力。它也需要最严格的规则。平面决定着一切，平面的确定就是最具关键性的时刻。平面不是为了画出来好看的，就像圣母像的面庞那样；平面是一种朴实的抽象；它只不过是看起来很枯燥的代数演算。数学家的工作同样也是人类精神的最高级活动之一。

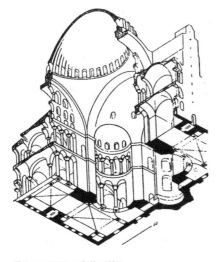

君士坦丁堡的圣索菲亚教堂

平面影响着整个结构，作为教堂基础的几何法则及其模数在建筑物的每个部分中发挥作用。

有序布局是一种可以觉察的韵律，它以同样的方式影响着所有人。

平面之内包含着提前设定好的基本韵律：建筑物遵从着平面的规定，发展着自身的广度和高度，结果可能是简单的，也可能是较为复杂的，但都不会脱离这个相同的法则。统一的法则，就是一个好的平面的法则，是一个可以产生无穷变化的简单法则。

韵律就是一种平衡状态，来源于简单或复杂的对称，来源于微妙的均衡。韵律还是个等式。均等（对称或重复，如埃及的庙宇和印度教庙宇）；补偿（对立部分的相对移动，如雅典卫城）；调整（从一个初始的造型构想发展起来，如圣索菲亚教堂）。虽然目标是一致的，但每个个体都有着多种多样的不同反应。统一的目标就是韵律，就是平衡。以此为出发点，会认识到各个伟大时代之间的差别是如此惊人——不是装饰方式上的差别，而是建筑原则上的差别。

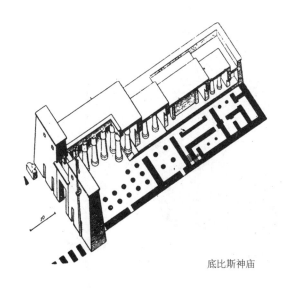

底比斯神庙

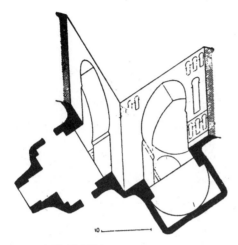

叙利亚的阿曼宫

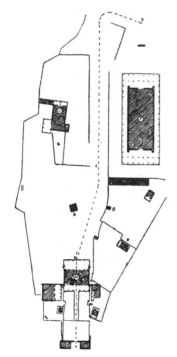

雅典卫城

平面看上去好像没有规则，但这只能骗过外行人。各部分的平衡是重要的，它是由从彼列到潘特立克山的著名风景决定的。这布局是为了从远处观看卫城的效果而设定的，轴线沿着山谷走，以一流的舞台手法设计出直角的假象。卫城建造在岩石和支承墙上，从后面看上去，它们像坚实的一整块。各个建筑物适应它们特殊的地形，却又形成一个和谐的整体。

平面承载着感觉的实质。

但是近百年来，平面的感觉已经丧失了。未来的重大问题由共同的需求来决定，建立在统计学的基础上，采用计算的方法来建造房屋，使平面的问题重新被摆在台面上。当人们认识到城市规划必须具有广阔的视野，我们将会进入一个前所未有的时代。我们将会以一种全新的姿态去认识城市，对城市进行规划，就像人们对东方神庙、恩瓦立德新教堂、路易十四的凡尔赛宫所做的那样。

这个时代的技术装备——财务管理和施工技术——已经准备好了要去完成这个任务。

托尼·迦尼埃在里昂的埃里欧支持之下，设计了"工业城"。这是一个颇具条理性的设想，一个能使问题从功能上和造型上同时得到解决的复合型方案。依照这个统一的原则，基本体分布到构成城市的所有区块之内，并根据实际需要和建筑师特有的诗意要求来确定中间空间。虽然对工业城内各个区块之间和谐性的评价还有争议，人们还是接受了这种结果，因为它们是由秩序产生的，大有裨益。秩序占统治地位的地方，就会万事大吉。"小区"这种制度可谓是一种快乐的创造，工人居住区本身就具有很大的建筑学意义。这些就是平面带来的效果。

在当前这种停滞不前的情况下（由于现代城市规划学还没有诞生），我们的城市里最漂亮的部分应当是工厂区，因为雄伟和风格都是在那里产生的——可以称之为几何性——这也是问题本身造成的结果。平面的存在感一直很弱，直到现在也是如此。良好的秩序在市场和车间的内部居于主导地位，它决定着机器的结构和它们的运转，制约着工人班组的每一个行动；一方面，我们用直尺和墨线圈定房屋的位置，疯狂地扩张，不计代价和风险；另一方面，环境遭到破坏，建筑无序布局，一派混乱。

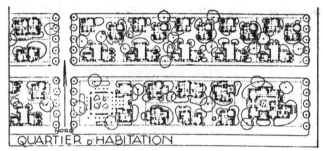

托尼·迦尼埃设计的"工业城"中的一个居住区

在对"工业城"进行大规模研究的过程中，迦尼埃假定社会已经实现了某些进步，从而产生了城市正常扩建的一些条件：今后公众有支配土地的自由。每家有一所房子；一半用地用来造房子，另一半公用，种上树：没有树篱或围栏。这样步行者可以朝各个方向穿过城市而不必在意街道，没有必要再沿着街道行走了。城市将变成一个大花园。

　　如果有一个平面，就足以应付了。有朝一日我们会得到我们需要的平面。那些不好的方面让我们认识到了这一点。

　　然而有一天，奥古斯特·彼亥创造了一个词——"塔城"。这个引人注目的词引发了我们心中的诗情。这个词提出得非常及时，因为事态已经相当紧急！我们几乎不知道，哪个"大都市"正在酝酿着它的平面。这个平面有可能大而无当，因为大都市已经成为发展趋势。现在我们应该放弃现有的城市总规划了，在那种规划里，房屋被密密麻麻地堆叠在一起，道路纵横交错，狭窄而吵闹，充满了油烟和尘土，每层楼上的窗子都朝着肮脏的垃圾大开。对于居住者的安全来说，大都市的密度太大了，可是对于企业的新需求来说，密度又太小了。

托尼·迦尼埃（在各种不同住宅之间穿过的小路）

托尼·迦尼埃（住宅区之内的道路）

参照美国摩天大楼的大规模建设经验，我们可以把人口集中到少数几个点上（相对较远），在那里建造高达 60 层的大厦，钢铁和钢筋混凝土能够实现这种大胆的设想，而且会产生一种立面，使所有的窗子朝着广阔的远景敞开。从此，天井内院将会消失不见。从 14 层往上，人们可以得到绝对的安静和最纯净的空气。

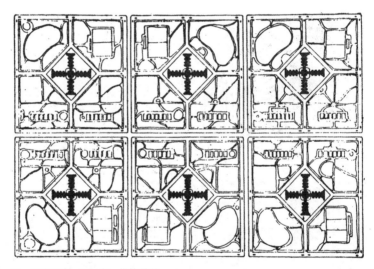

勒·柯布西耶，1920 年，塔楼平面

小区的方案。60 层，220 米高；塔楼间的距离为 250~300 码（1 码 =0.91 米）。塔楼宽 150~200 米。尽管有大面积的花园，城市的标准密度仍然增加数倍。这些建筑似乎只能作办公用，要建造在大城市的中央，以减轻城市干道的拥挤状况；家庭生活不易，还要努力地适应着那些电梯奇妙的机制。数字是惊人的、冷酷的、宏大的：每个员工享有不足 10 平方米的面积，一座楼宽为 200 米的摩天大楼可以容纳 40000 人。

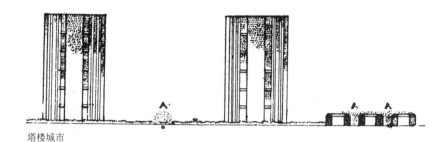

塔楼城市

左侧剖面图表现灰尘、废气和噪声如何令我们现在的城市窒息。而塔楼却远离了这些，位于树木与草地中的新鲜空气里。整个城市穿上绿装。

勒·柯布西耶，1902 年，塔楼

塔楼在园林和运动场之中。主要干道有架空路面，把低速交通、高速交通和超高速交通分开。

　　这些塔楼要成为那些工人的居所，之前他们一直被困在拥挤的住宅和堵塞的街道里。在这些塔楼里面，所有的设备都依据美国人的经验装配起来，它们高效，省时省力，也会很安静。塔楼与塔楼之间的距离很大，它们把之前摊在地面上的东西都送到了高处；它们带来了大片的空地，并且让人们远离那些充满了噪声和高速行驶的车辆的大道。塔楼的脚下变成了公园，整个城市遍布绿树。塔楼沿着林荫道整齐地排列着，这才是真正能与时代比肩的建筑作品。

奥古斯特·彼亥提出了塔城的设想，但是他并没有做出任何这方面的设计。另一方面，他接受了《不妥协报》记者的采访，在讲述他的想法时，发挥得超出了合理的范围。他让一种健康的想法蒙上了危险的未来主义的面纱。这位记者做了这样的记录：用一些高大的桥将每座塔楼连接起来，目的是什么？交通干线被设置在远离住宅的地方，那些可以自由地在公园里、树荫下、草地上和游乐场里逍遥的居民，不会愿意去那些高高的令人头晕目眩的桥上去散步，因为那些东西对他们来说根本没用。这位记者也同样希望城市可以被建造在无数钢筋混凝土的柱子之上，将路面提升到 20 米高（那可是 6 层楼的高度！），并连接各个塔楼。这些柱子使得城市的底部产生了无边无际的空地，在那里人们可以任意设置水管、煤气管道和下水道。彼亥始终没有画出这样的平面图，而没有平面图的话，计划也不可能得到实施。

早于奥古斯特·彼亥很久，我本人就提出过这种运用钢筋混凝土柱的构想，尽管这算不上多宏伟，但贵在符合实际需要。它符合城市的需要，比如当今的巴黎。人们不必为了敷设水管、煤气管、下水道和地下铁道而开挖土地建基础、建造厚厚的挡土墙，也不必对那些路面挖了又填、填了又挖，然后再对它们进行没完没了的维修（西西弗斯式的无效又无望的劳动），人们认为所有的新区应该建造在地面上，地面的基础可由足量的混凝土柱代替，它们支承房屋的底层，同时，通过一套悬臂系统，支承向外侧挑出的人行道和马路。

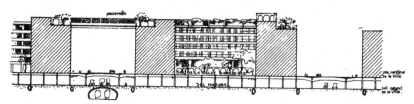

勒·柯布西耶，1951 年，架空城市

城市地面架在混凝土柱子上，高 4 到 5 米。柱子是城市房屋的基础。城市真正的"地面"是城市的地板，待于道和人行道。在这地板之下和可触及之地埋有主要的公共服务设施，现在埋在地下和不易触及之处，如水管、煤气管、电缆、电话线、下水道等等。

     在这个 4 到 6 米的空间里，足以行驶重型货车，还可以容纳取代笨重的电车的地铁，它们可以直通建筑底部设定好的站点。这样一来，一个完整的交通网络就形成了。它与人行道、高速路分开，将获利丰厚，且避开了各种阻碍。在有序的塔楼"森林"中可以从事商业贸易，那里可以完成一些目前严重阻碍交通的缓慢又碍事的任务，可以为城市增多食品供应。

     咖啡厅、娱乐厅之类也不再像是吞噬巴黎的人行道的霉菌了：它们被迁往楼顶，所有的奢侈品商业也要搬到那里去（几乎相当于整座城市面积的地方都闲置着，难道是为让屋顶跟星星说悄悄话？）。一般街道的上空要架起不太长的天桥通道，可在这些新获得的地段步行从事各种活动。这些通道掩映在树木花草之间，是很好的休憩地。

     这种设想的结果是，城市的交通面积至少增加了两倍；它具有可行性，因为它可以满足人们的需求、造价低廉、优于现有的习惯性做法。在我们城市旧有的框架之内，它也是合情合理的，如同"塔城"的构思在未来城市的框架内那样合理。

勒·柯布西耶，1920 年，两侧房屋后退的街道

空间开阔，阳光明媚，空气清新，所有的公寓都面向这个空间。住宅旁边就是花园和游戏场。简洁的立面上开着大大的窗子。平面上的连续曲折形成了光影的变化。多变的线条和立面的几何格网上的绿化造就景观的丰富性。当然，像塔城一样，这需要财力雄厚、能在整个地段进行建设的大企业。一位出色的建筑师可以让一整条街的设计保持统一、宏伟、高贵、经济。

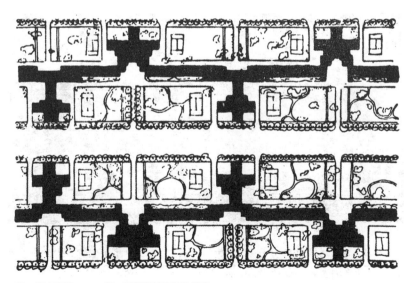

勒·柯布西耶，1920 年，两侧房屋后退的道路

由此，我们拥有了一套足以带动城市规划的全面革新的道路系统，它还引起了出租用房和公寓的根本改变；家庭经济的变化，引发了迫切的改造需要：我们需要新的住宅平面和与大城市生活匹配的服务机制。在这里，平面也是生成元，如果没有平面，就会出现匮乏、混乱无序和任意专断。

我们的城市再也不会被划分成方块（那些划分它的街道，像是被两侧峭壁一样的七层楼房夹着的狭窄的阴沟），再也不会有那些好像没有空气和阳光的臭水坑一样的小院。现在，我们在同样的面积里、同样的人口密度之下，重新规划了沿着主干道延伸的住宅楼。小院消失了，住宅楼的各个立面都可以朝着空气和光线敞开，进入人们视野的也不再是林荫道旁没精打采的树木，而是开阔的草坪、游乐场和浓密的绿荫。

大厦凸出的部分与长长的林荫道规则地结合着，这样的曲折交错引起了光影的变化，增强了建筑的表现力。

钢筋混凝土在结构美学领域引发了一场革命。由于以平屋顶取代了坡顶，钢筋混凝土带来了前所未有的平面美学。曲折和后退成为可能，而且将在今后带来更多的光影变化，投影不再局限于从上到下的垂直方向，还存在于从左到右的水平方向。

这是平面美学中第一等重要的变化；它还没被认识到；但是当我们考虑如何扩张我们的城市时，思考这个问题无疑是明智的。

我们生活在一个正在重建的时期，需要为新的社会状况和经济条件做出调整的时期。我们就像正在绕过一个海岬，想要见到新的地平线，就必须彻底修正现行的手段，确定在逻辑上建立起来的新的结构基础，恢复伟大的传统路线。

在建筑领域内，结构的老旧基础已经死亡。直到新的基础为建筑表现建立起逻辑上的支持之后，我们才能重新发现建筑的真谛。建立新的基础，会耗时二十年。这是一个解决重大问题的时期，是一个分析和实验的时期，是美学发生巨大变动的时期，也是新的审美形成的时期。我们必须研究平面，因为它是该时期演变的关键。

勒·柯布西耶和皮埃尔·让纳德，住宅的屋顶花园

圣德尼凯旋门（勃隆代）

基准线

基准线是建筑无法避免的一个要素。

它是秩序所必需的东西。基准线可以避免任意性，便于理解。

基准线是一种手段；它不是一个秘方。基准线的选择和表现形式，是建筑创作的一个组成部分。

原始人驾驶着战车在这里驻足，他决定在这里创建自己的家园。他选了一块林中空地，砍倒了周围距离太近的树木、平整了周围的土地；他开辟了通向河流和通向他刚刚离开的部落的道路；他埋设木桩来加固他的茅屋。他在茅屋的周围竖起篱笆，还安上一扇门。在他的工具、体力和时间允许的范围内，门前的道路尽可能造得平直。固定茅屋的木桩排成四方形、六角形或者八角形。篱笆围出一个四角相等的四边形。篱笆的中轴线上开了一个门，它正对着茅屋的门。

部落中的人们决定为他们的神灵搭建一个遮风避雨的东西。他们把神堂设置在一片清理得很干净的空地上，把神灵安置在结实的茅屋中，并用木桩加固茅屋，木桩也是排成四方形、六角形或者八角形。他们给茅屋的外面竖起结实的篱笆来保护它，他们埋下木桩，把篱笆用绳子固定在木桩上。他们划定祭司所需要使用的地方，安置了祭坛和摆放祭品的容器。他们在同一条中轴线上建造了茅屋和篱笆的门。

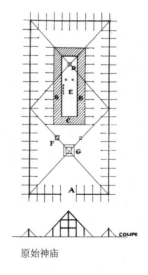

A. 入口
B. 门廊
C. 围廊
D. 神殿
E. 圣器室
F. 奠酒器
G. 祭坛

原始神庙

你会在某些建筑作品中，看到类似这些茅屋和神堂的表现手法：它们就是房屋或者庙宇的平面图。它跟从庞贝的房屋中发现的思想一致，也跟从卢克索神庙中发现的思想一致。

这不是因为人是非常原始的，只因为物资的供给是非常原始的。思想具有连续性，从一开始就存在着。

关注这些平面就会发现，它们蕴含着基本的数学计算。这中间包含着量度。量度决定一切，它可以让人们发挥优势、获得更好的建造结果，还可以增强作品的坚固性和实用性。建造者选取最简单、最常见和最不容易搞丢的工具作为量度的标准，那就是他的步幅、脚长、臂长和手指长度。

为了发挥优势、获得更好的建造结果，为了增强作品的坚固性和实用性，建造者采用了量度，并采用了一套计量单位。他让他的作品变得规范，他引入了秩序。因为周围的那些杂乱无序的树木、藤蔓和荆棘，都妨碍他劳动。

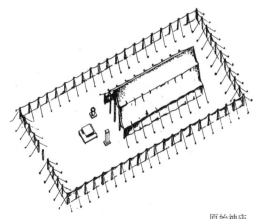

原始神庙

通过度量，他建立了秩序。他利用他的步幅、脚长、臂长和手指长度来进行度量。当他利用脚长和臂长来建立秩序的时候，他创造出了可以规范整个建筑作品的计量单位，而建筑物因此也具有了跟他相合的比例，对于他来说既舒适又方便，与他自己的量度相匹配。建筑物与人的比例相匹配。建筑物达成了与人类的和谐，这正是要点所在。

在决定篱笆的形体、茅屋的形体和祭坛等物品的位置时，人们本能地采用了直角、轴线、正方形、圆形。因为他无法创造出其他什么东西，来让自己觉得确实是在进行创造。因为轴线、圆、直角都是几何的真理，都是我们的眼睛能够测量和认识的；如果不能被我们的眼睛测量和认识，那就是偶然的、不正常的、任意的东西。几何学是人类的语言。

不过，在确定物体之间合适的距离时，他发现了韵律，是一种眼睛能够看到的、清晰地表现在这些关系之内的韵律。在人类活动刚刚开始的时候，韵律就已经存在了。它们在人们的心中回响，带着一种有机的必然性，正是这种必然性让人人都能画出黄金分割，无论是孩子还是老人，是野蛮人还是文明人。

单位产生了量度和一致性；基准线成为建造和满足的基础。

如今，大多数建筑师已忘记，伟大的建筑植根于人性，并且和人类的本能直接相关，不是吗？

当人们注视着巴黎近郊的小房子、诺曼底沙丘上的别墅、现代林荫大道和国际博览会时，他们难道不会认为建筑师游离于正常秩序之外、违背人的天性，好像是在为另一个星球工作吗？

这是因为有人教会他们一项奇异的技能：让其他人——瓦匠、木匠、细木工匠——展现惊人的坚韧、细致和技能把屋顶、墙、窗、门等丝毫没有共同点的要素建造出来，再把它们整合成一个整体。

　　基于这个原因，人们一致认为那一两个掌握了森林中原始人经验的、认为确实存在基准线这种东西的家伙就是危险的吹牛者、懒骨头、低能儿、呆子和老顽固。人们说："你们用你们的基准线扼杀了想象，你们把一个方案当成了万能之方。"

　　"但是以前所有的时代都采用过这个必需的工具。"

　　"那不是真的，是你们编造出来的；因为你是一个头脑古怪的人！"

　　"但是过去留给我们很多证据，文献、图像、石碑、墨台、石刻、羊皮纸、手稿、印刷品……"

　　建筑是人类改造世界的第一个表现，人们按照自然的形象来创造建筑，这个过程符合自然的法则，也符合主宰着自然和宇宙的法则。重力、静力和动力的法则通过归谬法对人们施加着影响：万物如果不能结合，就会崩塌。

　　至高无上的决定论向我们展示了自然的创造力。那些处于微弱平衡状态、经过合理的设计建造而成的，或者处于不断调整、演变发展和统一之中的事物，让我们有一种安全感。

　　最重要的物理法则很简单，而且数量很少。道德法则也很简单，数量也很少。

　　现代人用刨床刨光一块木板只需要几秒钟。以前的人用刨子刨木板也刨得很好。非常原始的人们加工木板，会用到石器或者刀子，结果木板很粗糙。因此他们会运用量度和基准线来让这项工作变得稍微容易些。希腊人、埃及人、米开朗基罗和勃隆代都使用基准线，以校正他们的作品，同时让他们艺术家的感觉和数学家的思维得到满足。现代的人什么都不借助，结果造出了拉斯帕伊林荫道。他说自己是自由诗人，这些都是他本能的体现；但是他需要借助从学校学来的技巧才能把它们展示出来。

抒情诗人挣脱了脖子上的枷锁；他懂得一些事情，但这些事情既不是他自己发现的，也没有经过检验；他受到各种教育，却失去了如同总在问"为什么"的孩子那样的童真与活力。

基准线是避免任意性的一个保证；它是一种验证方法，可以校正在狂热中所做的工作，如同学生们使用的枚举法或者数学家们使用的"Q. E. D.（证毕）"。

基准线是对精神秩序的一种满足，引领我们追求比例和和谐关系。它赋予作品韵律。

基准线带来了能够感知到的数学，提供了对于秩序的可靠感知。基准线的选取决定着一件作品的基本几何性质；因此它也决定了作品"基本特征"中的一个方面。基准线的选取是灵感发挥作用的决定性时刻之一，也是建筑上的重大程序之一。

这里有一些基准线，它们可以创造出美的事物，也是这些事物之所以美的原因。

1882 年从彼列挖掘出来的大理石板上的图：

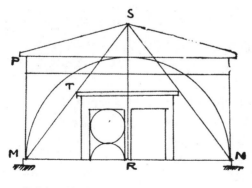

彼列兵工厂立面

彼列兵工厂立面是由几个简单的部分共同"决定"的，它们使工厂的宽度跟高度成比例，决定了门的位置，也决定了跟立面的比例有密切关系的各种尺寸。

从迪厄拉夫阿的书中所做的摘录：

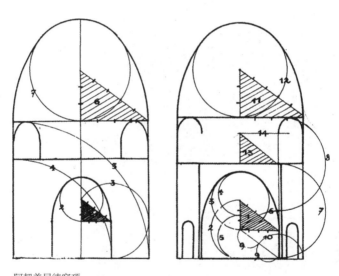

阿契美尼德穹顶

阿契美尼德穹顶是几何学的最精巧的成果之一。当穹顶观念顺应了这个民族和这个时代的抒情需要，与它采用的结构原理的静力学数据一致，基准线就调整、校正、强调并协调它的所有部分，所根据的唯一原则就是勾股定理，从门廊到拱顶都是如此。

巴黎圣母院的基准线：

巴黎圣母院　　主教堂的立面处于正方形和圆形支配之下。

一张罗马市政厅照片上的基准线：

罗马市政厅

　　直角明确表达了米开朗基罗的意图，它决定着两翼和中央主要部分的划分原则，同时还决定着两翼的细节、大台阶的坡度、窗子的位置、基座层的高度等等。

　　这件建筑作品由于所处的位置而被反复推敲，它与周边体量、空间等相互协调；它结构紧凑、集中，是一个单体，到处都体现出同一种法则；它是一个体量很大的建筑。

　　勃隆代关于自己所建造的圣德尼门的笔记摘录：（图见本章标题页）

　　基本的体确定下来之后，就可以画出券门的草图了。一条主要的基准线以 3 为单位，划分了拱门的整体，又在高度和宽度的方向上划分出建筑的其他部分，用同样的单位控制着一切。

小特里阿农宫：

小特里阿农宫（凡尔赛）

直角的布局。

一座别墅的构图 (1916 年)：

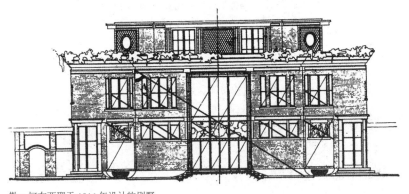

勒·柯布西耶于 1916 年设计的别墅

　　立面的整体，无论是前面还是后面，都处在同一个呈"A"字形角度的控制之下。这个角度决定了一条对角线，而该条对角线的平行线及其垂线制约着所有次要因素（如门、窗、墙面等等），乃至很小的细部。

　　这座小别墅被很多建造得毫无章法的房屋包围，看上去更醒目，明显和它们不在一个档次。

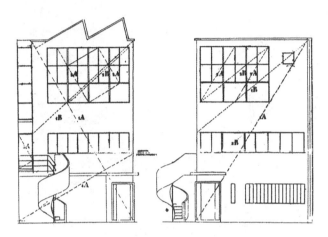

勒·柯布西耶和皮埃尔·让纳德设计的住宅，1923 年

勒·柯布西耶于 1961 年设计的别墅，背立面

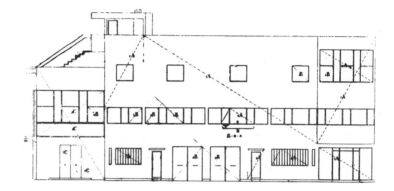

勒·柯布西耶和皮埃尔·让纳德于 1924 年设计的位于奥特尔的两座住宅

弗朗德轮船（大西洋公司）

视而不见的眼睛

| 轮船

一个伟大的时代已经开始。

存在着一种新精神。

存在着大量体现新精神的作品；它们主要存在于工业产品中。

建筑在陈规陋习中窒息。

那些"风格"都是谎言。

风格是原则的统一，它赋予一个时代所有的作品以生命，它是一种拥有自身独特性的精神状态的结果。

我们的时代正一天天地将自己的风格确立起来。

不幸的是，我们的眼睛还不能识别它。

一个伟大的时代刚刚开始

存在着一种新精神；这是建设的精神，由一个清晰的观念指导的综合的精神。

不管你怎么看它，它在当今鼓舞着人类大部分的活动。

摘自《新精神》纲领，1920 年 10 月第 1 期

今天已没有人再否定从现代工业制造中表现出来的美学。越来越多的建筑物和机器被制造出来，它们的比例、形态、材料的搭配经过多重的推敲，以至于它们中的许多已经可以称得上是艺术品了——这是由于它们建立于"数字"之上，换句话说，它们建立于秩序之上。那些从事工业、商业的专业人士，生活在创造出毋庸置疑的美丽作品的生机勃勃的氛围之中，总是会对自己说自己跟美学的活动有着很远的距离。他们错了，因为实际上他们正站在最积极地创造着现代美学的那些人的行列之中。艺术家和商人们都不曾考虑过这一点。一个时代的风格，蕴含在大量普及的产品中，而并不是像人们所想象的那样蕴含在一些精致的装饰品中。装饰品充其量只能算是唯一能够体现风格的思想体系之上的附属品。螺钿不等于路易十五风格，莲花不等于埃及风格，其他亦然。

摘自《新精神》

　　所谓的"装饰艺术"正大行其道！在历经了30年的蛰伏之后，它们现在达到了巅峰。热情的评论家们正在讨论法国艺术的复兴！我们要通过这件事情（它会有一个坏的结局）牢牢记住，除了装饰物的重生之外，还有其他的事情发生着：新的时代终将取代正在消亡的时代。人类历史上的新事物——机械唯物主义自然观，正在引发一种新的精神。一个时代需要创造属于自己的建筑艺术，以其作为思想体系的鲜明形象。在这个充满危机和混乱的时代中，在有着清晰明确的思想和坚定意志的新时代来临之前，人们把装饰艺术看成一根稻草，以为可以在暴风雨的波涛中抓着它。虚假的拯救者！让我们通过这件事记住，装饰艺术其实也提供了一个机会，让我们摆脱过去、探索着建筑的精神。只有在物质的某种特定情况和精神的某种特定情况下才能产生建筑精神。将有事件一件接一件地发生，宣扬自己的时代精神，形成一种建筑精神并让它成为一种准则。即使这些装饰艺术正处于危险的、马上要走下坡路的高度，我们也可以说，如今人的思想已经被激发去记住他们渴望的东西。我们可以相信，属于建筑的时代已经到来了。

保罗·维拉，悬吊装饰（文艺复兴）

希腊人、罗马人、路易十四时期、帕斯卡和笛卡儿，虽然都被荒谬地拉过来作为喜爱装饰艺术的例证，但的确启发了我们的判断，而且现在我们已经专注于建筑；建筑有可能是一切东西，但偏偏不包括"装饰艺术"。

垂幔和花环，精美的带有三只用嘴梳理羽毛的鸽子的图案的椭圆形装饰，用金色或黑色天鹅绒"蒲团"装饰的贵妇的小客厅，现在不过是那些已经死亡的令人厌烦的精神的遗存罢了。这些避难所充满令人窒息的优雅，另一方面又充满着讽刺的"农夫艺术"，简直是太荒谬了。

我们呼唤充满着新鲜空气和明朗光线的格调。

无名的工程师们、锻工车间里满身油垢的工匠们构思和建造了轮船这种令人敬畏的事物。我们这些旱鸭子缺乏欣赏的能力，不过如果能够让我们学会向这些"重生"的作品脱帽致敬，为参观一艘轮船而走上几英里也不失为一件高兴的事。

阿基达尼亚号轮（容纳 3600 名乘客），同各种建筑物的比较

建筑师们生活在书本知识的狭窄世界里，对新的建筑方法一无所知，所以自然而然地，他们的观念也停留在互相梳理羽毛的鸽子这类小饰物上面。但是那些勇敢而熟练的轮船建造者们却造出了比主教堂还要大上很多的宫殿，还把它扔到了海里！

建筑在陈规陋习中窒息。

厚墙在过去是很有必要的，直到今天人们还在固执地采用，可实际上，用玻璃和砖制成的轻薄幕墙完全可以构成高达50层的大楼那坚固的底层。

举个例子，在像布拉格这样的城市里，有一条关于住宅的陈旧条款规定，住宅最高层的墙体厚度应该为36厘米，每向下一层，厚度还要增加11厘米，因此底层的墙体厚度有可能达到1.5米。现在看来，这些使用大块石头铺就的建筑立面导致了一种荒谬的结果——为采光而设的窗子嵌在深深的窗洞里，完全起不到应有的作用。

在大城市昂贵的地皮上，我们仍然能够看到正在兴建的建筑物的基础，虽然只用几根简单的混凝土支柱就可承受压力，但视线所及的范围内却都是些巨大的柱子。坡顶，那些不幸的坡顶，还留存着，真是个不可原谅的荒谬现象。即使存在着一种可以很容易认识到、合乎逻辑的构思能够解决现有的问题，地下层依然是那么潮湿和拥挤，城市的服务设施主体埋藏在石头建筑之下，就像是萎缩的器官。

阿基达尼亚号轮，古纳公司

拉莫利谢号轮

致建筑师们：一种更具技术性的美。一种更接近真实本源的美！

所谓的"风格"——因为有必要去粉饰一些事情——作为建筑师们的丰功伟绩参与进来了。它们掺和到建筑的表面装饰和客厅里面来了；这是"风格"的退化，就好像是过时的旧衣服；这是对旧时代卑躬屈膝，是一种令人不安的谦卑！这是个谎言；在"伟大的时代"里，平面是光滑的，有着跟人体相合的良好比例，开着整齐的窗洞。人有多大胆量，墙就有多薄。宫殿呢？对当年的大公们来说自然是极好的。但是如今还有愿意模仿那些大公的绅士吗？贡比涅、尚蒂伊、凡尔赛从某个特定的角度看都是很好的，但是……有许多事情该说一说了。

住宅是用来居住的机器。浴缸、阳光、热水、冷水、随意调节的温度、食品保存、卫生、具有和谐比例的美感。一个扶手椅是用来坐的机器，其他东西也是类似情况。

当我们进行活动的时候（除了因为病倒而不得不喝稀粥、吃阿司匹林的时刻），我们的现代生活创造了属于它的物品：服装、自来水笔、自动铅笔、打字机、电话、漂亮的办公家具、平板玻璃和"创新"（Innovation）箱子、安全刀片、英国烟斗、礼帽、豪华轿车、轮船和飞机。

我们的时代正在一天天地确立属于自己的风格。它就在我们眼前。

可我们的眼睛却对此视而不见。

阿基达尼亚号轮

它跟英国烟斗、办公家具、轿车具有同样的美。

阿基达尼亚号轮

致建筑师们：一面全是窗户的墙，光线充足的大厅。这与我们的房子对比多么强烈！在我们的房子中，墙上的窗户像洞口一样，在两侧墙面形成阴影区，使得我们的房间幽暗，而且光线又刺眼，不得不借助窗帘来使光线变得柔和。

法兰西号轮

由圣－纳泽尔造船厂制造。比例恰当。仔细看看它，再想想那些伟大的建筑。

阿基达尼亚号轮

致建筑师们：诺曼底沙滩上的一幢别墅，造成轮船的样子，比造成有沉重的诺曼底瓦屋顶的那种要好多了，那太重了，不过，人们会说，这不是"海事"风格。

阿基达尼亚号轮

致建筑师们：这"长廊"的价值在于它有让人满意并饶有兴趣的体形；材料的和谐搭配；结构构件的完美组合，合理的开敞和理性的组装。

阿基达尼亚号轮

致建筑师们：建筑的形体，合于人体尺度的构件既庞大又亲切，从令人窒息的"风格"里解放出来，有虚实之间的对比，巨大的体积和纤细构件之间的对比。

法兰西皇后号轮，加拿大太平洋公司

一种纯粹、干净、合理、健康的建筑艺术。对比一下西方旧货市场的凄凉相：地毯、靠垫、华盖、墙纸、金漆雕花家具、褪却的色彩或者附庸风雅的色彩。

我们应当消除一个误会：我们身处一种不健康的状态，因为我们把艺术和对纯装饰的崇敬混为一谈。取代对艺术的天然感觉，在处理每件事中都掺杂了一种该受谴责的轻佻态度，唯一的好处是对自己所处时代一无所知的装饰专家们的理论和宣扬是有利的。

艺术是一件朴实无华的东西，它有着神圣的一面。我们亵渎了它。一种轻佻的、无聊的艺术不断地向一个需要组织、工具和方法的，正苦苦努力着争取建立新秩序的世界暗送秋波。一个社会存在的基本需要是面包、阳光和必要的设备。每件事都要去做！这是多么重大的任务！这任务又是如此艰巨，如此紧迫，整个世界都要投身到这个不可推卸的事业里去。机器将会建立工作和休息的新秩序。城市将要被彻底重建或者改建，来提供最基本的设施，因为如果被拖延得太久，社会的平衡就会遭到破坏。社会是一个不稳定的事物，它让世界在最近五十年里发生了翻天覆地的变化，超过了过去六个世纪的变化。

亚洲皇后号轮，加拿大太平洋公司

"建筑是体在光线下精妙、恰当而出色的表达。"

　　建设的时机已经成熟，但不能做蠢事。

　　当属于我们时代的艺术站在被选定的一小部分人那一边的时候，可以说它正在扮演着恰当的角色。艺术并不是大众化的东西，更不是供有钱人把玩的奢侈玩具。艺术是一种精神食粮，仅供那些被选定的一小部分人享用。艺术在本质上是高傲的。

在我们的时代正在成形的痛苦的分娩期，对和谐的需求显示出来了。

睁开眼睛看看：这种和谐已经存在了；它是艰苦劳动的成果，由经济主导，受环境制约。这种和谐有着它本身的成因，无论从哪个方面看，它都不是任性的产物，而是合乎逻辑的建设的产物，并与外部的世界十分协调。大自然始终见证着，尽管问题难以解决，条件也十分严苛，人类仍然通过劳动对世界进行大胆的改变。机械技术的创造物是倾向于单纯功能的有机体，它与我们所赞赏的天然物体一样，遵循着同样的进化法则。来自车间或工厂的产品中存在着和谐。它不是艺术品；它不是西斯廷礼拜堂，也不是厄瑞克修姆神庙；它是全世界的日常工作成果，全世界都在有觉悟地、运用智慧地、精确地、充满想象力地、大胆地、严格地进行着日常的工作。

如果我们暂时忘记轮船是一件运输机器，而以一种新的角度来看它，我们会感到自己面对的是胆量、纪律、和谐与宁静、活力、刚硬的美的重要表现。

一个认真的建筑师，以建筑师（也就是有机体的创造者）的眼光来看待它，会从轮船身上体会到从一种长久的、可鄙的奴役中解脱，重获自由。

他崇拜自然，蔑视传统。较之那些偏狭的常见的思想观念，他更喜欢探索求解之道。答案来自于阐明的问题本身，而问题的求解则需要付出巨大的努力，借此人类又向前迈出了一大步。

人们的住宅是受限制的世界的表现。轮船是认识根据新精神组织的世界的第一步。

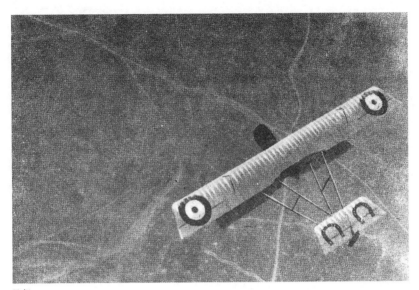

飞机

‖ 飞机

飞机是一个高度精选的产品。

飞机带给我们的教益在于问题的提出与解决之间的逻辑关系的把握与调控。

有关住宅的问题还没有提出来。

然而住宅的标准是存在着的。

机器自身含有经济因素，并且，经济因素促成着选择。

住宅是用来居住的机器。

一个伟大的时代刚刚开始

存在着一种新精神: 这是建设的精神, 由一个清晰的观念指导着的综合的精神。
不管你怎么看它, 它在当今鼓舞着人类大部分的活动。

《新精神》纲领, 1920 年 10 月第 1 期

　　世界上存在着一种职业, 一种唯一的职业, 就是建筑, 它的进步没有被人们当成一种必需, 它被懒惰主宰着, 还总是沉溺于过去。

　　在其他的领域之内, 对于未来所产生的不安让人们焦虑困扰, 并导致了问题的解决: 如果一个人不能进步, 那他就会破产。

　　不过在建筑方面, 还没有谁破产过。一个有特权的职业, 唉!

　　飞机无疑是现代工业中最精选的产品之一。

　　战争是一个贪得无厌的"客户", 永远不会满足, 总是渴望更好的东西。命令是不计代价取得胜利, 而错误会无情地导致死亡。我们可以断定, 飞机调动了发明才能、智慧和勇气: 想象力和理性。正是同样的精神成就了帕特农神庙。

　　让我们站在建筑学的角度，但以发明飞机的发明家的精神状态来看待事物。

　　从创造飞机的形体中，我们并不能获得很多的经验，而且最重要的是，我们必须学着不把飞机看成一只鸟或者一只蜻蜓，而要看成一架为了飞行而造的机器；飞机为我们带来的经验，存在于能够左右问题的阐明和引导问题的成功解决的逻辑之中。在我们的时代中，当一个问题被明确表达，就必然会找到它的答案。

　　但是关于住宅的问题尚未被明确表达。

　　建筑师们（比较年轻的那些）中流传着一条不成文的规矩：结构必须显露出来。

　　还有一条是：当一件东西符合某种需求时，它就是美的。

　　但是……显露结构对于一个工艺美术专业的学生来说是不错的，他们急切地想要证明自己的能力。万能的上帝让我们的手腕和脚踝显露在外面，其他部分可没有显露着！

　　当一件东西符合某种需求时，它还不是美；它仅满足了我们精神的部分需求，最基本的部分，如果没有它，更大的满足将没有可能；让我们为这些事件排出正确的顺序。

　　除了显露结构和满足需求（这里的"需求"指的是实用、舒适、合乎实际的布局）之外，建筑还有其他的意义和目的。

　　建筑是高于一切的艺术，它达到了同时兼备柏拉图式的崇高、数学的秩序、思辨的思想、存在于情感联系中的和谐的境界。这才是建筑的目的。

还是让我们按年代顺序看一看吧。

如果我们觉得需要一种新的建筑、一种明确和稳定的有机体，那是因为目前其中所含的数学秩序还没有触动我们，因为一件东西已经不是为了满足某种需要而生，因为建筑中已经没有真正意义上的建造了。一种极端的混乱占了上风。现有的建筑没有为当前的住宅问题提供解决办法，对事物的结构也不甚理解。它无法满足首要的条件，因此不可能带来和谐或美感这样的高级因素。

空中快车

如今的建筑无法满足解决这个问题的充要条件。

原因是，问题不是针对建筑阐述的。而且在建筑的领域里，也没发生像飞机所遇到的那种为完善功能而发生的战争。

但是你会说，和平到来了，重建（法国）北方的问题也被提出来了。可是，我们被彻底解除了武装，我们不知道如何用现代的建造方式——材料、构造系统、居住观念，一切都非常欠缺。工程师们为了建造水坝、桥梁、横渡大西洋的轮船、矿山、铁路而忙碌着。而建筑师们则在睡大觉。

法芒号飞机

　　飞机向我们展示，一个被明确阐述的问题找到了解决方案。希望像鸟儿一样翱翔，是错误地表达了问题，克雷芒·阿德尔的"蝙蝠"根本无法离开地面。为了发明一种存在于脑海里的、与纯粹的机械学密切相关的飞行机器，也就是说，寻找悬浮在空气中的方法和推进的方法，才是解决这个问题的正确途径：不到十年，整个世界都可以飞翔了。

柏林空运公司伯雷里奥号飞机（工程师：海勃蒙）

水上三翼飞机，3000 马力（1 马力≈735.5 瓦），乘客 100 名

让我们提出问题：

闭上眼睛，别看现有的东西。

一所住宅：它是一个防热、防冷、防雨、防贼、防窥探的掩蔽体。它是光线和阳光的接收体。一些房间用来烹饪、工作和过个人生活。

一个房间：有足够自由走动的面积、一张可以躺下的床、一张供休息或工作用的扶手椅、一张工作台、一些便于迅速把各种东西放到它应在位置上的带格子的架子。

房间数量：一间厨房，一间餐厅，一间工作室，一间浴室和一间卧室。

这就是居住的标准。

那么，为什么我们要在郊区优雅的别墅上面建庞大而无用的坡顶呢？为什么这些仅有的窗子要用小方格呢？为什么这些大房子里要有这么多锁起来的房间呢？而且，为什么要有这些带镜子的衣橱、梳妆台、五斗橱？而且，精巧的书橱有什么用？这些小桌子、瓷器柜、梳妆台、餐具柜都有什么用？要这些玻璃大吊灯干什么？要这些壁炉架干什么？要这些帐幔帷幕干什么？要这些色彩浓艳、印着绸纹和五颜六色小图案的墙纸干什么？

自然光几乎照不进你的家。你的窗子也很难打开。没有餐车里都有的那种气窗来换气。你的吊灯刺伤了我的眼睛。你的仿石灰泥和墙纸是如此不恰当，就算在墙上挂上优秀的现代绘画作品也于事无补，因为它会马上淹没在你那些一团糟的摆设儿中。

三翼飞机，2000 马力（容纳 30 名乘客）

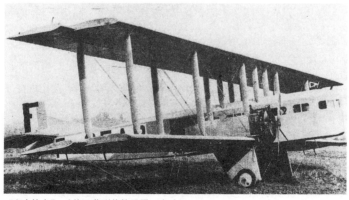

"空中快车"（从巴黎到伦敦只需 2 小时）

为什么不向你的房东要求这些东西呢：

1. 在你的卧室里，要有存放内衣和外衣的柜子，具有相同的深度、舒适的高度和与"创新"箱子类似的实用性。

2. 在你的餐厅里，要有盛放瓷器、银器、玻璃餐具的柜子，它们可以开关，带有方便迅速整理的足够多的抽屉。所有这些装置要是嵌入式的，以便桌椅周围有足够的空间供人走动，同时还能给人宽敞的感觉，它会带来令你胃口大开的平和心境。

3. 在你的客厅里，要有可以容纳你的书籍、让它们免于蒙灰的柜子，同时它们还可以用来摆放你所收集的油画和其他艺术品。通过这种方式可以让你房间中的墙面看起来不那么凌乱。这样，当你想看某一幅画的时候，就有地方把它挂出来。

然后，你的梳妆台、带镜子的衣柜，可以通通卖到那些新近在地图上出现的年轻的国家里去了。在那些地方，"发展"正大行其道，那里的人们正在抛弃他们的传统居所（包括里面的家具之类），搬进那些时髦的、带有仿石灰泥和壁炉架的"欧式"住宅。

让我们将一些基本原则重复一遍：

1. 椅子是为了让人坐而生产出来的。既有那种只卖5法郎简陋的教堂用座椅，也有价值1000法郎带衬垫的豪华扶手椅，还有可以通过把手调节椅背高度，带可移动读写桌、咖啡架和搁脚板的座椅，它可以分别满足工作和小憩的需要，健康、舒适、合用。你的安乐椅、路易十六风格的椭圆形双人沙发，用缎面垫子垫得松松软软的，它们是为了让人坐而制造的机器吗？说实在的，比起坐在这些东西上，可能你在俱乐部、银行或者办公室里还能坐得更舒服一些。

2. 照明依靠电力。我们有隐藏式的照明，有漫射照明，还有聚光照明。人们可以像在充足自然光下一样看得清楚，同时还不会伤害眼睛。

一个 100 瓦的灯泡，重量小于 2 盎司（约 57 克），但是那些铜质或者木质的大圆盘吊灯，重量足足有灯泡的 200 倍，而且它们过于巨大，以致房间的中部被占得满满的；它们的保养也因为苍蝇的存在而变得极其困难。这些吊灯光线太强，晚上也会损伤我们的眼睛。

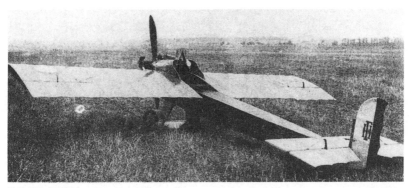

法芒号蚊式飞机

斯巴德 -XIII- 勃雷里奥飞机（伯其诺设计）

空中快车，速度为 224 千米 / 小时

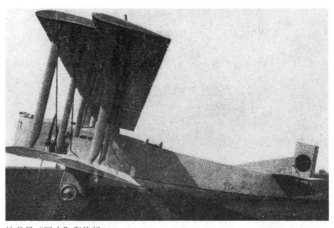

法芒号"巨人"轰炸机

3. 窗子的用处是透光，"一点光，大量光或完全不透光"，同时也为了让人看到外面。卧铺车厢的窗可以完全封闭，也可以自由开启；现代化的咖啡厅有着很大的窗子，既可以关闭，也可以利用把手把它降入地面以下，完全敞开；餐车装有小型的百叶帘，可以打开通一点点风，也可以大量通风或者完全不通风，大片的平板玻璃取代了瓶底式的厚玻璃和镶嵌玻璃；还有一种可以转动的百叶窗，叶片可以一点一点地放下，可以通过改变它们的间距来控制采光量。但是建筑师们依然采用凡尔赛式、贡比埃尼式、路易 X 式、路易 Y 式和路易 Z 式的那堆根本关不严的窗子，它们装设着小块的玻璃，难以开关，而且百叶帘装在外侧；如果傍晚落了雨，人们为了关上它们还要挨雨淋。

4. 绘画是为了给人观看、欣赏而创作的。为了欣赏到一幅画中的美，必须把它挂在适合的地方，而且要营造出恰当的气氛。真正的绘画收藏者会把画作存放在柜子里，同时把他最想看的那一幅挂在墙上，可你的墙上却挂满了各种东西，乱糟糟的。

空中快车（法芒号）

5. 住宅是为了住人而建造的。

"错！"

"当然没错！"

"你就是个空想家！"

说实话，现代的男人们在家里感到憋闷，所以他们要去俱乐部。现代的女人们在她们的小会客厅里也觉得憋闷，所以她们去参加茶会之类的活动。现代的男人和女人们在家里都觉得憋闷，所以他们去夜间俱乐部。但是在条件稍差的乡下，那里没有俱乐部，人们不能在夜晚聚集在吊灯之下，也不敢在他们的家具构建的迷宫里穿行。这些家具占据了他们房子里所有的空间，是他们所有的财富和骄傲。

现有的住宅平面完全没有为居住者考虑，它们被设计得像是存放家具的仓库。这种形体的东西，对于托特纳姆法院路的商业区来说自然是欢迎之至，但对社会来说它却是个祸害。它扼杀了人们对于家庭、家宅的情感；于是再没有家宅，没有家庭，也没有孩子了，因为居住成了如此艰难的事情。

法芒号"巨人"轰炸机

　　主张戒酒的社会团体、对马尔萨斯人口论持反对意见的人们应该向建筑师们发出强烈呼吁；他们应该印刷《住宅指南》并向家庭主妇们分发，他们应该敦促那些建筑学校的教授们辞职。

住宅指南

　　应该有一间向南的浴室，房子或公寓中最大的房间之一，像旧式的会客厅。一面墙全是玻璃窗，如果有可能，通向一个可以进行日光浴的阳台；配有淋浴、体育锻炼用品等最新款的卫浴设施。

　　相邻的房间要设置为化妆室，你可以在里面穿衣或者脱衣。不要在卧室里面做这些事情，那样既不卫生，又会把卧室弄得乱糟糟的。化妆室里要有存放内衣和外套的柜子，高度不超过 1.5 米，并带有抽屉和挂衣杆等部件。

　　应该有一间宽大的客厅，它可以取代一系列小客厅。

　　在卧室、客厅和餐厅里都要有空白的墙面。嵌入式装饰可以取代大部分昂贵、占空间并且需要维护的家具。

　　如果有可能，厨房要设置在房屋顶层，那样可以防止气味飘散到整座房屋内。

　　应该有隐藏式照明或者扩散式照明。

　　应该有真空吸尘器。

　　只购买实用的家具，绝不买装饰性的"物件"。如果你想见识一下低俗趣味，可以去富人们的房子里看看。墙上只挂少量的绘画作品，非好作品不挂。

　　把你的零星物品收藏在抽屉里或者柜子里。

　　留声机、自动钢琴和收音机让你正确地解读一流的音乐作品，你可以不必到音乐厅，既避免患上感冒，也远离了演员们的狂躁。

　　应该在每个房间的窗子上安装换气扇。

　　告诉你们的孩子们，只有采光好、通风好、地板和墙面都很干净的房子才适合居住。为了保持地面整洁，要避免使用笨重的独立家具和厚重的地毯。

　　你的房子要有一个独立的车库。

　　工人房不要设置在阁楼上。不要让你的工人贴着屋顶居住。

　　选择一套公寓，尺寸要比跟父母同住时略小。做事情或进行日常管理和想问题的时候，脑子里都要想着经济的问题。

法芒号，巴黎至布拉格 6 小时，至华沙 9 小时

提得不恰当的问题：

视而不见的眼睛

　　结论：每一个现代人都有他对于机械的理解。对机械存在一种情感，并被我们的日常活动证实着。这种情感是尊重、感激和敬重。

　　机械包含着经济，而经济是人们在短时间内做出选择时起决定性作用的因素。在对于机械的情感中，还包含着某种道德情感。

　　智慧、冷静、平和的人，如生双翼。

　　需要智慧、冷静、平和的人建造房屋，对城市进行规划。

法芒号

法芒号

杜拉捷，汽车制动器

这种加工的精确性和加工后的光洁度，超越了我们对机械的理解。菲迪亚斯早已领悟到了这些，帕特农神庙就是证据。古埃及人在打磨他们的金字塔的时候也是如此。这起源于欧几里得和毕达哥拉斯对同时代人的影响。

Ⅲ　汽车

为了完善，必须确立标准。

帕特农神庙正是应用了一项标准而精选出来的产物。

建筑依照标准行事。

标准是有关逻辑、分析、深入研究的事；它们建立在一个恰当"阐述"的问题之上。

标准是通过实验得到明确建立的。

杜拉捷，1921 年

如果研究住宅问题或者公寓问题也像研究汽车底盘问题一样，我们的住宅就会很快变样、改观。如果房子也像汽车底盘一样进行工业化的批量生产，意想不到的健康的、合理的形体将很快出现，同时形成一种高精确度的美学。

存在着一种新精神：这是建设的精神，由一个清晰的观念指导着的综合的精神。

《新精神纲领》，1920 年 10 月第 1 期

为了完善，必须确立标准。

帕特农神庙就是一件应用已经确立的标准的精选产物。在 100 年之前，希腊庙宇的所有部分都已经变得合乎标准了。

彼斯顿，前 600—前 500 年

哈姆拜尔，1907 年

　　一个标准一旦建立，马上会有竞争出现，而且愈演愈烈。这就是一场比赛；为了夺取胜利，你要在每个细微之处胜过你的对手，无论是整个事物的发展过程，还是每一个细节上。这也使得我们对每个细微之处进行仔细研究，以期取得突破。这就是进步。

　　标准，对于人类劳动来说是必需的秩序。

彼斯顿，前 600—前 500 年

杜拉捷"大型运动号"，1921 年

希斯巴诺－苏莎，1911 年

　　标准建立在确定的基础之上，不是随意的，但它的可靠性带有那么一些刻意，处于一种由分析和实验控制的逻辑之下。

　　人人都有着同样的生理结构和同样的功能。

　　人人都有着同样的需求。

　　经过长期的发展，社会契约决定着标准化的等级、功能和需要，生产标准化了的产品。

　　住宅对人们来说是必需品。

　　绘画对人们来说也是必需品，因为它们反映了对精神秩序的需求，而这种需求是由情感的标准决定的。

　　所有伟大的艺术作品都根植于一个或者若干个心灵的重要标准之上：《俄狄浦斯王》《菲德拉》《浪子回头》《圣母像》《保尔与维吉妮》《腓利门和博西斯》《穷渔翁》《马赛曲》《马德隆走来斟水给我们喝》……

　　标准的建立，要穷尽每一种实践中的和理论上的可能，从中提取出一种公认的、合乎功能的范例，它对方法、劳动力、材料、语言、形体、色彩和声音有着最低程度的需求，却有着极高的效率。

　　汽车是一件功能简单（行驶）但制造目标复杂（舒适、结实、美观）的物品，它迫使大工业对标准化产生了绝对的需求。所有的汽车都有着相同的基本结构。不过，由于很多制造汽车的公司无休止地竞争，每个制造者都想拔得头筹，就必须在达到实用性方面的标准之外追求完美、和谐，追求兼具了完美与和谐，以及极具美感的表现形体。

比格兰跑车，1921 年

　　风格由此诞生，也就是说，诞生的是一种可以被广泛认可的、带有能够被普遍感觉到的某种完美的成果。

　　一项标准的建立，要经过对理性元素进行组织、遵循一条合理的发展路线等过程。它的形体和外观都是不可预料的，它们只是结果；第一眼看上去，它们可能非常古怪。阿德尔制造了一只"蝙蝠"，但是它不能飞翔；莱特和法曼兄弟造出了可以从空气中获得升力的物体，模样古怪，令人困惑，可是它能飞。标准被确立了。它马上被付诸实践。

　　最早的汽车是按照老式马车的模样制造、配备车身的。这与对移动和快速穿透的需求格格不入。针对穿透的法则的研究让标准得以确立，而这个标准在这样两个不同的目标之间发展变化：速度，较大的体量要置于前端（如运动型汽车）；舒适，体量较大的部分要置于后端（轿车）。两者都不再与慢吞吞的老式马车有任何相同之处。

文明在进步。它历经了农耕时代、武士时代和祭司时代，来到了名副其实的文明时代。文明是选择的结果。选择意味着放弃、修剪、清洗；它的基本面目要被清晰、毫无遮掩地显露出来。

帕特农神庙

渐渐地，庙宇成形了，从构筑物变成了建筑物。再过一百年，帕特农标志着上升曲线的顶点。

从基督教小教堂的原始风格出发，我们又有了巴黎圣母院、恩瓦立德新教堂和协和广场。感觉获得了净化和精炼，我们由单纯重视装饰转向重视比例和尺度，取得了一定的进步；我们从初级的满足（装饰）上升到高级的满足（数学）。

如果布列塔尼式橱柜依然存在于布列塔尼，那是因为布列塔尼人还在那里存在，那里位置非常偏远，人们生活一成不变，大部分时光消磨在捕鱼和养牛上面。一位养尊处优的先生，大概不会在他位于巴黎的宅邸中躺在一张布列塔尼式的床上睡觉；一位拥有了轿车的先生，大概也不会躺在一张布列塔尼式的床上睡觉，类似情况不再一一列举。我们只需要对此有明确的认识、得出合乎逻辑的结论就足够了。但很遗憾，很多拥有一辆大型轿车的人，还睡在布列塔尼式床上。

帕特农神庙

每个部分都起决定作用，显示出高度的精确性和极强的表现力，比例清晰明确。

每个人都满怀信心和热情地高呼："汽车标志着属于我们时代的风格！"但是那些古董商们还在日复一日地生产和销售着布列塔尼式床。

我们把帕特农神庙和汽车拿出来比较，为了让人们清楚地看到，从不同领域精选出的两件产品，一件达到了巅峰水平，而另一件正在发展变化着。这么一说就把汽车给抬高了。那怎么办？要不，继续拿汽车跟

三翼水上飞艇　它表明解答一个提得恰当的问题可以创造富有造型的机体。

我们的房子和宏伟的建筑进行比较吧。在这里，我们停滞不前。在这里，我们没有帕特农神庙。

住宅的标准，是一个实际的、与建造的秩序有关的问题。我在前面关于飞机的章节中曾经试图阐明这个问题。

家具的标准，存在于办公家具制造商、旅行箱制造商、钟表制造商等所进行的层出不穷的实验中。我们只能遵循一条路：工程师的任务。所有关于那些独一无二的东西、所谓的"艺术家具"的吹捧，都是虚假的，暴露出一些人对于当今需求的一无所知，确实令人遗憾：一把椅子无论如何也不会成为一件艺术品；椅子没有灵魂；它只是用来坐人的机器。

在一个文明程度很高的国度里，艺术在纯粹的、不带任何功利性的作品中找到了属于它自己的表现手段——绘画、文学、音乐。

人类的一切表现都基于一定程度的兴趣的支持，在美学领域中尤其如此；这种兴趣可以是感觉方面的，也可以是理性的秩序方面的。装饰是感觉方面的，是较为低等的，跟色彩同属一个级别，它能够满足头脑简单的人和野蛮人。和谐、比例能够激发智慧，吸引文明人。野蛮人热爱装饰品，喜欢装饰他们的墙壁。文明人则穿着剪裁合体的服装，拥有一些绘画作品和书籍。

探险者号

诗并不总是要用语言或文字来写就。用实物写的诗更加有力。具有意义的一些东西有技巧地、巧妙地组织起来，能产生一个充满诗意的实物。

装饰是必需之外多余的东西，它是属于低俗的人的部分；比例是必需之外多余的东西，它是属于高雅的人的部分。

在建筑中，兴趣的部分是通过房间和家具的结合和比例产生的；而这正是建筑师的任务。那么美呢？它是无法测量的东西，只能借由最重要的基础的形体发挥作用：精神方面的理性满足（功能、经济）；然后是立方体、球体、圆柱体、圆锥体等等（感官上的）。接着是……无法测量的东西，以及造就它们的那些关系：就是天赋，创造的天赋，造型的天赋，数学的天赋，这种通过量度形成秩序和统一性的能力、能够按照清晰的法则组织一切使我们的视觉充分兴奋和满足的东西的能力。

由此产生了各种各样的情感，唤起了一个文明程度很高的人对他所看见、所感受到、所喜爱的一切东西的回忆，并通过一种无法逃避的方式，释放了他在生活这部戏剧中曾经体验到的情感震荡：自然、人类和世界。

贝朗格，车厢

在这个属于科学、斗争和戏剧的时代里，每个个体在每个时刻都受到强烈的震撼，帕特农神庙在我们看来就是一个富有生命力的作品，处处体现着高度的和谐。它那无懈可击的构件组成整体，表明了一个能够全神贯注于一个已明确阐述的问题的人可以达到的完美境地。这种完美如此不同凡响，以至于帕特农神庙的形象在如今只能跟我们在非常有限的范围内的感觉协调一致，并且，非常出乎意料的是，与那些机械的感觉协调一致；它与机器——那些巨大的、带给人深刻印象的、我们所熟悉的、作为现代人类活动最杰出成果的、堪称我们的文明仅有的真正成功产品的东西——协调一致。

Voisin，鱼雷跑车，1921 年

评价一位穿着考究的男士比评价一位穿着考究的女士简单多了，因为男士的服装已经标准化了。毫无疑问，在建造帕特农神庙方面，菲狄亚斯会支持伊克提诺斯和卡利克拉特，比他们更胜一筹，因为当时的庙宇都是一种风格，而帕特农神庙远超过它们。

菲狄亚斯恐怕会喜欢生活在这种标准化了的时代中。他应该会承认这种可能性，甚至这种成功的必然性。他将会在我们的时代中见证他的劳动带来的最终成果。不久之后他就会复制帕特农神庙的成功经验。

建筑被标准统治着。标准是一件与逻辑、分析、深入研究有关的事情。标准被建立在一个被充分阐明的问题之上。建筑意味着形体的创造、智慧的探索、高等的数学。建筑是一种高贵的艺术。

标准化受到选择法则的影响，是一种经济方面和社会方面的需要。和谐是一种与我们世界的规律相一致的境界。美统治着所有事物；它是纯粹的人类创造；只有对精神高尚的人来说，它才是必需的额外事物。

但是，为了完善，首先必须确立标准。

帕特农神庙

菲狄亚斯在建造帕特农神庙的时候，他是作为一个营造者、工程师或设计师在工作。所有的元素都已存在。他所做的就是完善这件作品，并赋予它高贵的精神。

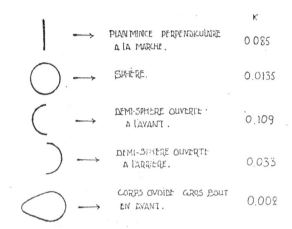

圆锥体最有利于穿透，这是经实验和计算得出的结论，被生物如鱼、鸟等证实。
实验性应用：飞艇、赛车。

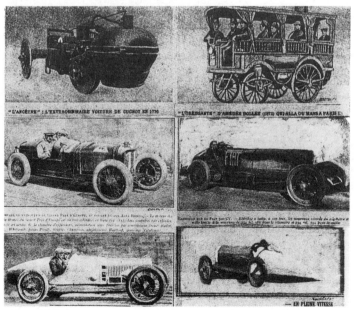

寻求一种标准

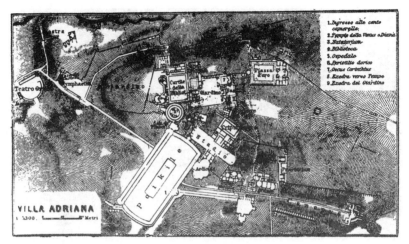

阿德良离宫，蒂沃利附近，130 年

建筑

┃ 罗马的教义

建筑的任务就是利用天然材料，建立起某种情感联系。

建筑超乎功利性需求之上。

建筑是关于造型的事情。

秩序的精神，意图的统一。

关系的协调感；建筑要处理有关数量的问题。

激情能用硬邦邦的石头创造出戏剧来。

你使用石头、木头、水泥，并利用这些材料，造出了房子和宫殿。这就是建造。独创性正在发挥作用。

但是突然间，你触动了我的心灵，你为我做了好事，我很高兴，并且说："这很美。"这就是建筑。艺术也如影随形参与其中。

我的房子很实用。我会向你道谢，就像我向铁路工程师们或者电话服务道谢那样。你还未能触动我的心灵。

但是，设想一下墙壁以令我动容的方式朝着天空延伸。我领会了你的意图。你的情绪或者是温和的，或者是粗暴的，或者是迷人的，或者是高贵的。你竖立起来的石头会告诉我这些。你将我置于此地，我四处张望。我注视着一件传达着某种思想的物品。这种思想表达着自己，不用任何语言或者声响，只凭借一些形体和它们彼此间的某种相互联系来表达。这些形体在光线下纤毫毕现。因此这些形体之间的关系，和那些讲求实用性和描述性的东西没有什么关联。它们是你的意识所进行的数学创造。它们是建筑的语言。通过使用未经加工的材料、从或多或少地带着功利性的情况出发，你建立了某种能够唤起我的情感的关系。这就是建筑。

罗马是个风景如画的地方。那儿阳光明媚，普照万物。罗马是一个大集市，物品应有尽有。一个种族所有的生活必需品在那里都能找到——孩子们的玩具、战士们的武器、祭司的旧衣服、博尔吉亚浴盆和探险家的羽毛饰品。在罗马，丑陋的事物也比比皆是。

跟希腊人相比，人们一定会觉得罗马所拥有的是低劣的品位、土生土长的罗马人、尤里亚二世和维克托·伊曼纽尔。

　　古罗马被那些过于逼仄的墙层层包裹；拥挤成一团的城市谈不上美。文艺复兴时期的罗马曾经盛行过浮华之风，并且散布到城中的每个角落。维克托·伊曼纽尔时期的罗马，继承了这些遗产，为它们贴上标签、保护起来，并把它的现代生活储存在这座博物馆的走廊中，甚至还在罗马市中心，卡比多山与古广场之间，建起了一座维克托·伊曼纽尔的纪念碑（实为维克托·伊曼纽尔二世纪念碑），用以强调"罗马"正统……耗时四十年，建得比其他任何东西都巨大，而且还使用了白色大理石！

　　毫无疑问，罗马太拥挤了。

塞斯提伍斯金字塔，前 12 年

一　古罗马

　　罗马致力于征服世界、统治世界。谋划策略、招兵买马、制定法律：这些都是秩序的精神。为了管理一栋巨大的商业建筑，有必要引入一些基本的、简单的、无懈可击的规则。罗马人的秩序是简单、直接的。如果它再带点儿粗暴，就变得更糟糕了——但也可以说是变得更好了。

角斗场，80 年

君士坦丁凯旋门，公元 315 年

万神殿内部，120 年

罗马人对统治和组织有着强烈的渴望。但提到古罗马的建筑，却是乏善可陈，城墙过于逼仄，超过 10 层的房屋堆叠在一起，形成了古代的摩天大楼。市中心的广场也一定非常丑陋，有点儿像特尔斐圣城里的小摆设。城市规划？整体布局？那里没有这些东西。

必须去看看庞贝城，它的直角布局很有吸引力。罗马人像强大的野蛮人那样征服了希腊人，他们觉得科林斯柱式由于有着更丰富的装饰，比陶立克柱式漂亮。而且科林斯柱式有由叶形花纹装饰的柱头和装饰得漫不经心、毫无品位可言的柱顶线盘！不过接下来我们会看到一些罗马式的东西。总体来说，他们制造出了极佳的车底盘，却设计了无比糟糕的车身，就像路易十四时期的双篷四轮马车。罗马城之外非常空旷，他们建造了阿德良离宫。人们可以在那里体会到罗马的伟大。那里经过了真正的规划。这是西方世界第一个大规模布局的案例。如果能把希腊人召唤到它面前，我们可以说："希腊人只不过是雕刻家而已。"但是要注意，建筑不仅仅是一个关于布局的问题。布局只是建筑中最基本的特征之一。漫步在阿德良离宫中，人们不得不承认，现代的组织能力（它终究是"罗马人的"）至今一事无成——对于一个人来说，如果不幸成为这场彻彻底底的失败的当事人，该是多么痛苦！

万神殿，120 年

罗马人并没有遇到开垦荒地的困难，他们遇到的问题是重新建设那些被征服的地区；其实二者差不多是一回事。因此他们发明了建设的方法，并且通过它造出了一些令人印象深刻的东西——"罗马的"。"罗马的"这个词包含着一种含义：方法的统一、意图的明确、构件的分级。巨大的穹顶和支撑着它们的鼓座、强有力的拱之间，都以罗马水泥接合；这些东西如今仍值得赞叹。罗马人是伟大的建造者。

意图的明确、构件的分级都是思想的特殊转变的证明：谋划策略，制定法律。建筑容易受到这些目标的影响，并积极地回应它们。光线借助纯粹的形体产生影响，并烘托它们。简单的体发展出巨大的面，它们以各种不同的个性特征，展示着自己：穹顶、拱顶、圆柱体、长方体三棱柱或者是方锥体。面的装饰也遵循着同样的几何秩序。万神殿、大角斗场、高架渠、塞斯提伍斯金字塔、凯旋门、君士坦丁巴西利卡、卡里卡拉浴场都是如此。

没有赘余，布局合理，构思简洁，结构大胆而统一，基本的几何形状的运用，这些是建筑应拥有的品格。

让我们保留这些罗马建筑的砖头、天然水泥和洞石，然后把罗马大理石卖给那些百万富翁们。罗马人不知道大理石应该怎么使用。

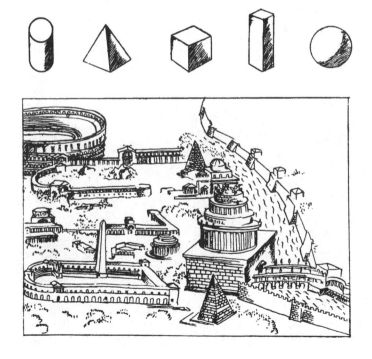

二　拜占庭时期的罗马

拜占庭带来了希腊的回击。不过这一次，人们的吃惊不再是原始意义上的那种，就好像看到了繁复的叶状花纹似的：正统的希腊人来到罗马，建起了科斯梅丁·圣玛利亚教堂。这个意义上的希腊已经与菲狄亚斯的希腊相去甚远，但是它的根基还留存着，也就是说，和谐感和数学上的精确性还存在着，借助它们，有可能达到完美的境地。科斯梅丁·圣玛利亚教堂小巧玲珑，它是一座为穷苦百姓修建的教堂，坐落在喧闹繁华的罗马市中心，展现着数学的高贵壮观、比例的无懈可击、和谐的至高无上。它的设计无非是一个长方形的大厅，也就是说，它采用了类似谷仓和车库的建筑样式。墙壁上是粗糙的灰泥。那里只有一种颜色——白色；它永远显得积极向上、充满力量。这座小小的教堂让你不由自主地产生崇敬之情。

科斯梅丁·圣玛利亚教堂正厅

科斯梅丁·圣玛利亚教堂内部

当你一路从圣彼得大教堂、巴拉丁山、大角斗场走来，你会惊呼："噢！"艺术的感觉论者和野兽派会因为希腊圣母堂而感到烦恼。难以想象，当轰轰烈烈的文艺复兴浪潮裹挟着巨大的恐怖在它镀金的宫殿中横行的时候，这座教堂在罗马竟然得以幸存！

拜占庭的希腊，是一种纯粹的精神创造。建筑只不过是合乎秩序的布局，光线下可见的美丽的棱体，但是存在着一种可以让我们着迷的东西，它就是量度或者比例。要合乎比例！要形成有韵律的、有活力的脉动，建立一种统一的、微妙的关系赋予建筑生命力，使它获得平衡感，同时找到解决方案。因为，就算这种表述在绘画领域会成为一个悖论，它却对建筑适用；建筑无关乎任何表达符号，也无关乎任何跟人类面貌有关的东西，甚至无关乎数量的多寡。

科斯梅丁·圣玛利亚教堂内圣坛

　　数量提供了大量的材料，它是建筑作品的基础；把它们纳入量度、代入方程，它们就会构成韵律，向我们讲述建筑中隐含的数字、协调的关系和精神。

　　在科斯梅丁·圣玛利亚教堂的宁静之中，讲经台的栏杆向上倾斜着，同样倾斜着的还有一本石雕的经书，它是如此庄重，看上去就像是表示赞同的手势。这两条非常平行的斜线完美地融合在精神机器的完美运行中——这就是建筑所能带来的纯粹而又简单的美。

三　米开朗基罗

智慧和激情；不存在不带有情感的艺术，也不存在没有激情的情感。在采石场中沉睡的石头是没有生命的，但一旦它装饰在圣彼得大教堂的拱顶上，就成了一出戏剧。戏剧展现人类所获得的那些里程碑式的成就。建筑所形成的戏剧，与依赖世界、改造世界的人类所形成的戏剧是相通的。帕特农神庙是动人的；那些由曾经被打磨得像钢铁一样锃亮的花岗岩构成的埃及金字塔也是动人的。在原野和海洋上空形成气流、狂风暴雨或者和煦的微风，或者用人们筑墙的卵石堆砌出巨大的阿尔卑斯山——这样，一首和谐的交响曲就诞生了。

罗马圣彼得大教堂圣坛

罗马圣彼得大教堂圣坛

　　因为有了这样的人类，才有了这样的戏剧，才有了这样的建筑。我们决不能太过武断地认定，人类的群体决定着人类的个体。每个人都是独特现象，是经过一些很长的阶段才形成的，可能具有偶然性，也可能是按照不为人知的宇宙的脉动形成的。

　　米开朗基罗是近一千年的人物，就像菲狄亚斯是再前一千年的人物一样。文艺复兴没有造就米开朗基罗，它只造就了一大批富有才华的人。

圣彼得大教堂的阁楼层

米开朗基罗的作品是一种创造，而不是一种复兴，因为它们已完全超越了各个古典时代。圣彼得大教堂的圣坛是科林斯风格的。想象一下吧！看着它们，再想想抹大拉的马利亚教堂吧。米开朗基罗看到了大角斗场，并保持了它罕见的比例；卡里卡拉浴场和君士坦丁巴西利卡向他展示，在追求很高的目标的时候，他可以越过何种界限。于是，便有了圆厅、向后收缩的结构、交叉的墙体、穹顶的鼓座、列柱的门廊——它们组成了带有和谐韵律的庞大几何体。然后，柱座、壁柱、外观全新的柱顶线盘重复了这种韵律。接着，窗子和壁龛再一次重复了这种韵律。整体为建筑的字典中增添了醒目的新词条；停住脚步、反思一会儿继Quintocento 之后的这种突变是大有裨益的事情。

圣彼得大教堂圣坛上的线脚

米开朗基罗设计的庇乌门

圣彼得大教堂现状平面图

主殿被延伸，如阴影部分所
示；米开朗基罗有些东西想要
表达；它已被完全破坏掉了。

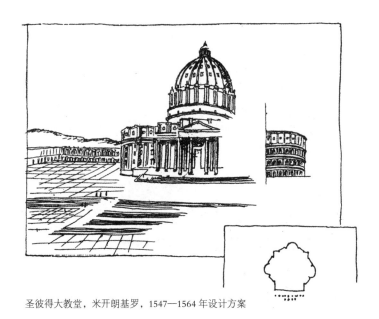

圣彼得大教堂，米开朗基罗，1547—1564 年设计方案

它的规模非常大。用石头建造这样一个穹顶，是一项了不起的壮举，之前没有人敢冒如此巨大的风险。圣彼得大教堂占地面积约有 15 000 平方米，而巴黎圣母院约为 5850 平方米，君士坦丁堡的圣索菲亚大教堂则约为 6690 平方米。这个穹顶高达 123 米，圣坛的直径约为 137 米。圣坛和矮墙的总布局可以与大角斗场相媲比；高度是一样的。这方案总体统一；它把各种最美的、最丰富的元素组织在一起：门廊圆柱体、方柱体、鼓座、穹顶。线脚最富有激情，它们既强烈又感人。整个设计是单体，既独特又有整体感。看上去是一个整体。米开朗基罗完成了圣坛和穹顶的鼓座。后来其余部分落到野蛮人的手里，一切都毁了。人类失去了充满智慧的伟大作品之一。如果我们设想米开朗基罗目睹了这场灾难，将会有一场骇人听闻的戏拉开帷幕。

最后，圣彼得大教堂应该有一个与科斯梅丁·圣玛利亚教堂那样达到巅峰的不朽的内部空间；坐落在佛罗伦萨的美迪奇礼拜堂向我们展示，这个提前设计得如此之好的建筑物如果被真正建造起来，究竟会达到怎样的高度。可惜愚蠢的、没有头脑的教皇们解雇了米开朗基罗；卑劣的人们里应外合地谋杀了圣彼得大教堂。如今的圣彼得大教堂看上去愚蠢得就像是一个腰缠万贯却粗鲁放荡的主教，欠缺的是……一切。这是多么惨痛的损失！超乎寻常的激情和智慧——这会是永垂不朽的证明；但它悲哀地变成了"也许"、"好像"、"可能"或者"我不确定"。这是多么令人痛心的失败！

虽然这一章的标题为"建筑"，但在这里谈论一下人类的激情应该也是可以被原谅的。

圣彼得广场的现状

圣彼得大教堂圣坛的窗子

四 罗马和我们

罗马是一个活跃的大集市，画意盎然。你可以在这找到罗马文艺复兴的每一种可怕和充满了低级趣味的东西。我们不得不用现代的欣赏品位去审视文艺复兴，虽然我们与它已相隔了四个世纪。

我们从这种努力中获益良多；我们审视起来非常困难，但很严苛。对罗马来说这四个世纪好像是缺失的，因为在米开朗基罗之后，它就陷入了沉睡。再次踏入巴黎，我们才重新获得了判断的能力。

罗马城的教益是写给那些聪明人的，他们能够理解和欣赏，也能够抗拒和核实。罗马城是对那些一知半解的人的惩罚。把学习建筑的学生送到罗马去，简直是要害他们的命。罗马大奖和美第奇别墅（法兰西艺术学院设在此别墅中）简直是生在法国建筑上的毒瘤。

凌乱的罗马

左上：文艺复兴时期的罗马，安琪罗城堡　　右上：现代的罗马，最高法院
左下：文艺复兴时期的罗马，科罗纳美术馆　　右下：文艺复兴时期的罗马，巴波里尼府邸

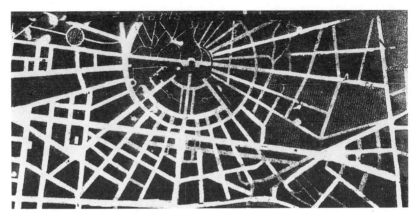

卡尔斯鲁厄（德国城市）总平面图

‖ 平面的幻觉

平面由内部发展到外部；外缘于内。

建筑艺术的要素是光和影、墙体和空间。

布局就是将目标进行分级，将意图进行分类。

人用离地 1.7 米的眼睛来观看建筑物。他只能用眼睛看得见的目标来衡量、用由建筑元素证明的设计意图来衡量。如果人们用不属于建筑语言的意图来衡量，人们就会得到平面的幻觉，由于观念的错误或者对浮华的喜好，从而违反平面的规则。

你使用石头、木头、水泥，并利用这些材料，造出了房子和宫殿。这就是建造。独创性正在发挥作用。

但是突然间，你触动了我的心灵，你为我做了好事，我很高兴，并且说："这很美。"这就是建筑。艺术也如影随形参与其中。

我的房子很实用。我会向你道谢，就像我向铁路工程师们或者电话服务道谢那样。你还未能触动我的心灵。

但是，设想一下墙壁以令我动容的方式朝着天空延伸。我领会了你的意图。你的情绪或者是温和的，或者是粗暴的，或者是迷人的，或者是高贵的。你竖立起来的石头会告诉我这些。你将我置于此地，我四处张望。我注视着一件传达着某种思想的物品。这种思想表达着自己，不用任何语言或者声响，只凭借一些形体和它们彼此间的某种相互联系来表达。这些形体在光线下纤毫毕现。因此这些形体之间的关系，和那些讲求实用性和描述性的东西没有什么关联。它们是你的意识所进行的数学创造。它们是建筑的语言。通过使用未经加工的材料、从或多或少地带着功利性的情况出发，你建立了某种能够唤起我的情感的关系。这就是建筑。

设计一个平面，就是将某些想法确立、固定下来。

这之前要先有想法。

要将这些想法进行排序整理，让它们变得可以理解、实现和传达。所以，表现出一个明确的意图是有必要的，但要实现它必须要有想法才行。一个平面可以被看成是某种经过浓缩和提取的东西，就好像一份关于某种资料的分析表格。这个表格的内容是高度提炼的，像水晶那样清楚明了，又像一个几何图形，它包含着大量的想法和一个起推动作用的意图。

在一个伟大的公共机构中，比如在巴黎美术学院里，人们学习设计良好平面的原则，然后过了些年，教条被建立起来了，各种秘诀、技巧也随之而来。在最初行之有效的教学方法已经变成了一种危险的实践。为了表现出内在含义，人们设定了一些在某种程度上被神圣化了的外部标志和外观。平面——它是真正意义上的构思的集群，同时还包含对这些构思至关重要的基本意图——变成了一张纸，上面有代表墙体的黑色标记、代表轴线的线条，它们就像装饰嵌板上的马赛克图案构成星状、造成视错觉。最漂亮的星状花纹将会获得"大罗马奖"。现在，平面是生成元，"平面决定着一切，严谨抽象，就像纯粹的代数计算，有点冰冷。"它也是一场战役的计划。战役随之而来，那是一个伟大的时刻。这场战役是体在空间中的碰撞，而一些预定的想法和起推动作用的意图就如同军队的士气。如果没有好的平面，一切都将不复存在，所有东西都会变得脆弱而不能持久，所有的东西即使在最华丽的外表下也会变得不堪一击。

从最开始，平面就蕴含着建设的方法；一位建筑师首先也要是一位工程师。不过，让我们先把范畴严格限制在建筑学这个历史悠久的学科之内。把注意力集中在某个视角之上，我从这样一个关键性问题开始：一个平面的发展是从内部到外部的；一座房屋或者一座宫殿都是有机体，跟一切有生命的物体一样。我将要谈到建筑的内部要素。然后我还要提到布局。考虑到建筑物对地段、周边环境的影响，我将展示为何外部也会等同于内部。通过使用在示意图中清晰所示的基本元素，我可以对平面的幻觉做出说明——这种幻觉扼杀建筑、迷惑心智、形成建筑骗局；这是一种对不可否认的真理的违背，是错误的概念和虚荣所造成的恶果。

一个由内部发展到外部的平面

一座建筑就像一个肥皂泡。如果内部的气体分布均匀，调节得当，那么，这个肥皂泡就会很完美、很和谐。外部是由内部形成的结果。

苏莱曼清真寺，伊斯坦布尔

在位于小亚细亚半岛的布尔萨省的绿色清真寺，你可以通过一扇相当于普通人身高的小门进入其中；一个相当小的门廊可以帮你进行必要的比例转换，你会很欣赏它；因为这里与街道的尺寸大为不同，让你印象深刻。通过这条门廊，你就会感受到这座清真寺宏伟的规模，你的眼睛可以感受它的尺度。你置身于一个充满了阳光的、由白色大理石构成的巨大空间中。远处还有另外一个相似规模的空间，不过比较昏暗，而且建于几层台阶上（小规模的重复）；两边有两个较小的空间，那里很昏暗。从光线充足到荫翳蔽日，这也构成了一种韵律。小巧的门搭配着巨大的窗。你被俘虏了，你那种对于正常的尺度的感觉消失了。你被一种韵律感（光线和体量）和一种比例和尺度的运用征服了，你陷入属于这座建筑的世界，在那里它向你传达了它想要传达给你的东西。这是怎样的一种感情，怎样的一种信念啊！在那里，你有了动机和意图。构思的集群，是运用在其中的方法。总结来说就是，在布尔萨这里，就像在君士坦丁堡的圣索菲亚一样，也像在苏莱曼清真寺一样，外部是从内部产生的。

布尔萨省的绿色清真寺平面图

君士坦丁堡的圣索菲亚教堂

再来看看位于庞贝的诺采住宅。又是一个小小的门廊，它让你从街道的束缚中解放出来。然后你就来到了天井；中间的四根柱子（四个圆柱体）向上插入屋顶的阴影中，给人以力量的冲击感，也是有效方法的一种证明；而在较远的一端，透过廊柱的间隙可以看到来自花园的光线，廊柱从左到右延展开来，形成巨大的空间，同时将光线散射开来，让它们分散却又获得强化。

位于天井与廊柱之间的是堂屋，它就像照相机镜头一样将这里的美景尽收其中。右侧和左侧是两块小小的阴影。经由那条风景如画、摩肩接踵的街道，你进入了一个罗马人的家。气势威严、整洁有序、富丽堂皇：你置身于一个罗马人的房子里。这些房间的功能都是怎样的？这是题外话。在经过 20 个世纪之后，即使没有什么历史性的暗示，你还是感受到了这种建筑艺术，而我们所讨论的只不过是一座非常小的房子。

庞贝的诺采住宅，天井

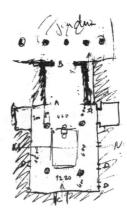

诺采住宅平面图

建筑内部元素

人们采用的元素是直立的墙体、延伸的地面、为使人们和光线通过而开出的洞口——门或窗。这些洞口透出或多或少的光线，营造出欢乐或者悲伤的氛围。墙或是非常明亮，或是半明半暗，抑或是完全笼罩在阴影中，它们令人产生愉悦、宁静或者哀伤的情绪。你的交响乐已经准备就绪了。建筑的目的是让人觉得愉悦和安宁。要对墙体抱以尊敬的态度。庞贝人没有在他们的墙壁上凿洞；他们喜欢墙壁、喜欢光线。当光线在反光的墙面之间穿梭的时候就会得到加强。古代的人们建造墙体，让墙体伸展、相接，不断扩大。通过这种方式，他们创造了形体，这就是建筑的基础，也是建筑可被感知的基础。光线倾泻在你的身上，出于一种特定的意图照在某一端，照亮了那些墙。通过圆柱体、列柱廊和柱子，光线的效果扩展到了外部。地面尽可能地延伸到各处，均匀而规则。有时候，为了增加一些效果，地面会被抬高一小截。在内部，除了这些之外就没有其他的建筑元素了：光线、大面积反光的墙和地面（地面是水平的墙）。建起采光良好的墙壁，这就是构成内部的建筑元素。此外还需要达到均衡的比例。

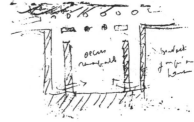

阿德良离宫，罗马

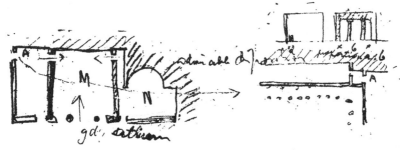

阿德良离宫，罗马

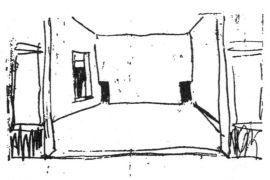

庞贝

布　局

　　轴线可能是最早的人类现象；它是一切人类活动的方式。蹒跚学步的孩子也会沿着轴线移动，在人生的暴风雨中奋斗的人，也会循着一条轴线前进。轴线是建筑的规范者。要建立秩序，就要开始工作。建筑以轴线为基础。那些学校里教的轴线，就是建筑的灾难。轴线是一条通往目标的线。在建筑中，你必须为自己的轴线设定一个终点。在学校里，人们忘记了这一点，他们的轴线纵横交错，形成星形，通向无穷，通向不确定，通向未知，通向不知处，没有尽头也没有目的。学校的轴线是个秘诀，也是个托词。

　　所谓布局，就是要给轴线划分等级，所以它也可以说是目标的分级、意图的分类。因此建筑师们要为轴线赋予目标。这些目标可以是墙（充实的，可以感知的）、光线或者空间（也是可感知的）。

　　事实上，从绘图板上的平面图给予的鸟瞰的角度，我们看不到轴线；只有从地面上我们才能看到它们，而且观察者要站起来，在近处观察。眼睛可以看到很远的地方，就像一个清晰的镜头，可以看到每一件东西，甚至可以看到一些没打算看到或者不希望看到的东西。雅典卫城的轴线从彼列港一直延伸到潘特利克山，从海里延伸到山上。山门与轴线垂直，在水平方向上一直向前就是大海。在水平方向上，水平线总是跟你感觉到的所处的建筑物的朝向垂直，这体现了正交的观念。这是具有高度秩序感的建筑：雅典卫城将它的影响一直扩展到水平线那里。山门在另一个方向上，巨大的雅典娜雕像坐落在轴线之上，轴线的尽头是潘特利克山。它们传达着这一切。而且由于帕特农神庙位于右侧，而厄瑞克修姆神庙位于左侧，它们都不在这条有力的轴线之上，你才能够看到它们全貌的四分之三侧视图。建筑物不能全部布置于轴线之上，就像很多人不能同时都开口说话那样。

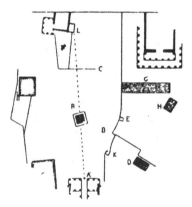

雅典卫城平面

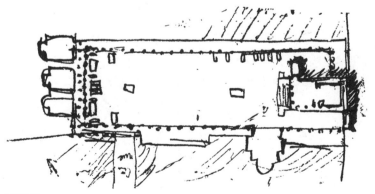

庞贝广场

庞贝广场：布局是对目标进行分级，对意图进行分类。这个广场的平面内包含着很多轴线，但是它肯定不会赢得巴黎美术学院的赞许，连一个三等奖都拿不到；它会被拒之门外，因为它不是星形的！思考这样的一个平面和漫步于这个广场之上，是一种精神享受。

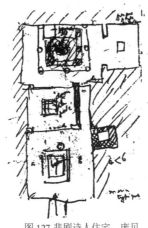

图 127 悲剧诗人住宅，庞贝

而在悲剧诗人住宅里，我们看到了一种成熟的艺术的精妙。一切都位于轴线之上，但是想要在某处找出一条真正的线却很难。这里的轴线存在于意图之中，它利用视错觉以精湛的手法将不怎么重要的东西（走廊、主要过道等）展示出来。这里所说的轴线并不是枯燥的理论性的东西；它把那些彼此可以清楚分辨的主要物体连接在一起。当你造访悲剧诗人住宅时，会明显感到一切都是那么有条理。但是它会带给你一种非常丰富的感觉。随即你会注意到轴线的巧妙变化，它赋予物体韵律：地板上的拼花主题图案位于房间中央后侧的地方；入口处的水井位于天井的一侧。较远一端的喷泉位于花园的一角。放置在房间中央的一件物体通常会让这个房间看上去很糟，因为它的关系你没办法站在房间中央观看轴线上的情景；一座位于广场中央的纪念碑会让广场和周边的房屋看上去很糟——经常，但并不总是如此；每个个例都应该根据实际情况去评价。

布局就是去划分轴线的等级，也是目标的分级和意图的分类。

外部通常就是内部

在学校里，人们把轴线画成星状，他们设想着，假如一个观察者来到一座建筑物面前，他的眼睛一定准确无误地跟随、专一地停留在由这些轴线所确定的建筑物的重心上。人类的眼睛，在进行观察活动的时候，是始终活动着的，而且观察者本身也会不停地左右转动、改变方向。他对每一件事物都有兴趣，而且会被整个区域的重心吸引过去，由此，马上扩展到周边的环境上。周边的房屋、或远或近的山、或高或低的天际线，都是巨大得令人敬畏的体，它们利用自己的体积带来力量感。这种立体的东西，无论是外观还是实质，都是可以被人类智慧当即判断和预料的。对立体物体的感知是直接的和基本的；假设你的建筑物可能有着十万立方码的体积，它周边的环境却可能有着几百万立方码的体积。这样一来，密度的感觉就产生了：一棵树或者一座小山丘不是那么有力，它们与几何形的布局相比，有着一种更小的密度。无论是用眼睛看还是用脑子想，大理石都比木头密度大，其他情况以此类推。你的周围到处存在着等级的划分。

总之，在建筑的整体内，场地的元素依照它们的体量、密度和材料的质地起作用，带来确定和多样化的感觉（木材、大理石、树木、草地、蓝色的天际线、近处或者远处的大海、天空）。场地的各种元素像房间里的墙一样重要，借助于它们的体积系数、层理、材料等的力量。墙和光线互动，光与影交错，演绎出悲伤、快乐或者宁静，诸如此类。我们的构图必须由这些元素构成。

在雅典卫城上，庙宇彼此相对，形成围合，可以一览无遗；大海与楣梁共同形成构图等等。这是利用充满了危险的丰富性的无穷的艺术资源来进行构图，而当这些资源被赋予秩序的时候，美才会产生。

山门与胜利神庙

山门

在阿德良离宫里，地面经过处理与罗平平原十分协调；周围的山峦决定着它的构图，而这些山峦也构成了它的基础。

阿德良离宫，罗马

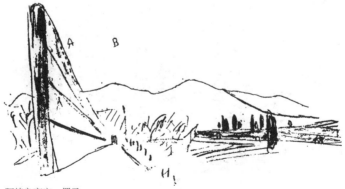

阿德良离宫，罗马

在庞贝广场上，纵观每一座建筑物与整体、与每一处细节的关系，人们会产生各种各样的、不断更新的兴趣。

庞贝广场

违　规

在下面我将要举出的这些例子中，建筑师们没有考虑到一个平面是从内部向外部产生的，也没有形成他们的构图——按照一种在作品中作为起到带动作用的意图、能够被所有人感知的目标，同时运用被唯一的、有序的脉动激活的体来构图。建筑师们也没有考虑到内部的建筑元素，也就是那些为了接收光线、突出建筑内部的内容而连接在一起的面。他们也没有考虑到空间，只是在纸上画了些星形图案，画出了构成这些星形图案的轴线。他们与一些不属于建筑语言的意图为伍。他们以一种错误的观念或者一种对浮华的向往来对抗那些可以成就一个恰当的平面的规则。

罗马的圣彼得大教堂：米开朗基罗建造了一个穹顶，是那时人们所能见到的最大的穹顶；一进入教堂，你即处于巨大的穹顶之下。可是教皇们在它前面加了三个开间和一个门廊。整体的构思被破坏了。如今，必须先走完一段超过 300 英尺（约 91 米）长的通道才能到达拱顶之下；两个体量相当的体发生了冲突；建筑的优点被掩盖了（同时，原有的缺点被粗俗的装饰无法估量地放大了，圣彼得大教堂也变成了令建筑师们琢磨不透的事物）。君士坦丁堡的圣索菲亚教堂曾一度以 7500 平方码（约 6271 平方米）的面积名列榜首，但圣彼得大教堂的面积却超过了 16 000 平方码（约 13 378 平方米）。

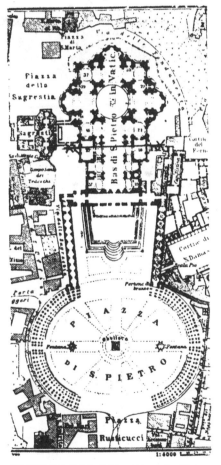

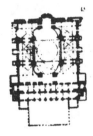

Sainte Sophie
de Constantinople

穿过中殿第一个开间的线条
显示出米开朗基罗设计之初
的立面所在（参见前面章节
中所述的米开朗基罗的最初
方案）

罗马圣彼得大教堂与君士坦丁堡圣索非亚教堂

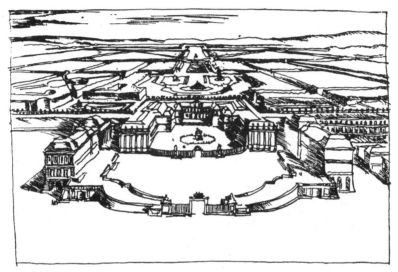

凡尔赛宫

　　凡尔赛宫：路易十四不再仅仅是路易十三的继任者。他是太阳王。有着无止境的虚荣心！他的建筑师们匍匐在王座下，向他展示了一幅鸟瞰图，这幅图看起来就像一张星图，有着宏大的轴线，组成了类似星星的布局。太阳王骄傲得膨胀起来，浩大的工程终于完工。但是一个人只有离地 1.7 米的两只眼睛，在某一时刻只能看向一处。星星们的角只能看完一个再看另一个，因此真正看到的只是一个覆盖了叶状装饰的角。一个角自然不是一颗星星；星星碎成了片。其他的一切基本也是如此：大水池和绣花花坛游离在全景之外，人们只能走起来才能断断续续地看清那些建筑物。它是个圈套，也是个错觉。路易十四用自由意志欺骗了他自己。他违背了建筑的真理，因为他没有运用建筑的客观要素来进行工作。

　　还有一位大公的继承人、一个阿谀奉承的弄臣，像很多其他人一样，为了太阳王的荣耀而规划了卡尔斯鲁厄城的平面，而这个平面却是个最可悲的立意上的错误，十足的哗众取宠。[*]星星只能存在于纸上，这是一种可怜的安慰。错觉！关于一个良好的平面的错觉。在城中的任何一处，你都只能看到开着三扇窗子的宅邸，它们看上去都是同一副模样，最差劲的日常住屋也能比这些看上去稍微好一些。从宅邸中出来，你只能同时看到不超过一条街道，而且在任何一个城镇的任何一条街道上都不乏类似的景色。真是虚荣到了极致！在画一个平面的时候，决不能忘记，审视着它的结果的，是人们的眼睛。[**]

　　我们能够从单纯的建造向建筑进行转变，是因为我们有一种更为崇高的目标。必须丢掉虚荣。虚荣是致使建筑变得浮华的罪魁祸首。

---

[*]　参见本章节开头的插图"卡尔斯鲁厄总平面图"。

[**]　参见本章节开头的插图"卡尔斯鲁厄总平面图"。

帕特农神庙

Ⅲ 纯粹的精神创造

剖面和轮廓是建筑师的试金石。

由此他可以考验自己,证明自己是位艺术家或者只不过是位工程师。

剖面和轮廓是自由的,不受任何约束。

它与习惯、传统、结构方式都没有关系,也不必适应于功能需要。

剖面和轮廓是纯粹的精神创造;它需要造型艺术家。

你使用石头、木头、水泥，并利用这些材料，造出了房子和宫殿。这就是建造。独创性正在发挥作用。

但是突然间，你触动了我的心灵，你为我做了好事，我很高兴，并且说："这很美。"这就是建筑。艺术也如影随形参与其中。

我的房子很实用。我会向你道谢，就像我向铁路工程师们或者电话服务道谢那样。你还未能触动我的心灵。

但是，设想一下墙壁以令我动容的方式朝着天空延伸。我领会了你的意图。你的情绪或者是温和的，或者是粗暴的，或者是迷人的，或者是高贵的。你竖立起来的石头会告诉我这些。你将我置于此地，我四处张望。我注视着一件传达着某种思想的物品。这种思想表达着自己，不用任何语言或者声响，只凭借一些形体和它们彼此间的某种相互联系来表达。这些形体在光线下纤毫毕现。因此这些形体之间的关系，和那些讲求实用性和描述性的东西没有什么关联。它们是你的意识所进行的数学创造。它们是建筑的语言。通过使用未经加工的材料、从或多或少地带着功利性的情况出发，你建立了某种能够唤起我的情感的关系。这就是建筑。

一张美丽面孔的不同寻常之处，就在于五官的轮廓特征，以及它们独特和个性化的组合关系。每个人都有相同的面部组成：鼻子、嘴巴、额头等，它们之间的基本比例也是大同小异。但在这些基本组成之上，可以形成千百万张面孔；所有的面孔各不相同：五官等各部分的轮廓特征各异，它们之间那种非常独特和个性化的组合关系也各不相同。当五官轮廓造型精致，同时它们的搭配符合我们认为和谐的比例时，我们就会说，这张面孔很美，它们在我们的心底、在我们感觉之外激发了某种共鸣。这种模糊不清的"绝对"就埋藏在我们意识的深处。

帕特农神庙

希腊人在雅典卫城建造了一些庙宇，均出自一个简单的思想，把荒芜的景色收拢在周围并把它们融入构图中去。因此，在地平线上的哪一点都证明这个思想是独一无二的。也正因为如此，再也没有别的建筑作品具有这样的高度。只有当人们具有了较高层次的见解，完全舍弃了艺术中的偶然因素，达到了最高的返璞归真的精神境界时，人们才能够谈论"陶立克"柱式。

雅典卫城山门内部的柱廊　造型在统一中得以表现。

雅典卫城山门

情感从何而来？它产生于一些明确的因素之间的特定关系，这些因素包括：圆柱体，光洁的地面和墙面。情感来自场址中各种东西的协调。情感也来自把它的影响扩展到构图中每一部分中的造型体系。情感还来自从材料的一致性、轮廓的一致性中所产生的思想的一致性。

雅典卫城山门

情感来自意图的一致。情感来自坚定不移地把大理石凿得更简洁、更清晰、更经济的决心。人们舍弃、精简，直至再也不能去掉什么，只剩下联系紧密的、强有力的东西，像青铜号角那样发出清亮激越的声音。

厄瑞克修姆神庙（雅典卫城中的一座庙宇）

当柔情的那股风吹起，爱奥尼柱式诞生了；但帕特农神庙决定了它们的形体，甚至包括女像柱。

帕特农神庙

一些富有诗意的解释说，陶立克柱式是从拔地而起的树干那里获得灵感的，所以没有柱础，等等，以此来证明一切美好的艺术形式都源于自然界。这是毫无根据的，因为希腊没有主干挺直的大树，那儿只有发育不良的松树和扭曲的橄榄树。希腊人创造了一个造型体系，它直接地、强有力地影响着我们的感觉：柱子、柱槽，复杂而内涵丰富的柱顶线盘，衬托地面并与之相连的阶座。他们使用了最精巧的变形，使轮廓的凹凸曲折无懈可击地遵循着视觉的法则。

帕特农神庙

必须记住，陶立克柱子不是像日光兰那样从草地上长出来的，它是纯粹的精神创造。它的造型体系非常纯净，以至我们觉得它出自天然。但是，毕竟这完全是人工的作品，它让我们充分地认识到深度的和谐。形体已经摆脱了自然的方面，这就大大优于埃及和哥特的建筑，它们在光线和材料方面深思熟虑，以致它们好像天生就上能通天，下能接地。这样创造了一个事实，就我们的理解力来说，它就跟"海"的事实和"山"的事实一样自然。人类还有什么作品能够达到这样的高度？

这种在我们内心引起的共鸣，是我们衡量和谐的标准。这实际上正是那条轴线使得人类与自然甚至宇宙协调地组织在一起；自然界一切物体和现象都围绕这条轴线组织。这条轴线引导我们去探索宇宙中一切活动的统一性，去承认一个本源的、唯一的意图。物理法则是这条轴线产生的推论，如果我们承认（并且热爱）科学和科学所带来的成果，那是因为两者强迫我们承认，它们是由这个初始的意图决定的。如果数学运算的结果让我们感到满意、体会到和谐，那么也是因为它们来源于这条轴线。如果根据计算飞机拥有像鱼或者其他自然物体一样的外形，这是因为它重获了轴线。如果独木舟、乐器、涡轮机，这些实验和计算产生的成果，在我们看来都像是"有条理的"现象，也就是说像是具有了某种生命，那是因为它们是在轴线的基础上发展来的。由此我们可以得到一个关于和谐的可能的定义：事物与人体轴线、宇宙的法则达成一致的时刻——这是一种向普遍法则的回归。这样就可以解释我们看到某些特定物体时满足感产生的原因，这种满足感每时每刻都指向某种有效的统一。

帕特农神庙，造型体系

如果我们在帕特农神庙前停住脚步，那是因为在看到它的那一刻，在内心深处引起了共鸣；轴线也被触动了。在抹大拉的马利亚教堂面前我们不会停留，即使它和帕特农神庙一样建有阶梯、柱子和山形墙（相同的基本元素）。原因在于，在粗野的感觉之下，这座教堂并没有什么可以触动我们的轴线的东西；我们不能感受到深度的和谐，无法被类似的情感吸引而流连在此处。

帕特农神庙

这是触动人心的东西，我们置身于机械的必然王国之中。这不是加诸这些形体之上的符号：这些形体激起了一些明确的感觉；去理解它们，也并不需要一把钥匙。有点粗野，富有张力，更加柔美，非常细腻，非常有力。是谁发现了这些元素的组合方式？一个天才的发明家。这些石头在潘特利克山的矿脉里是冥顽不灵的，没有造型可言。将它们组织成整体，需要的不是工程师，而是一个伟大的雕刻家。

雅典卫城山门

一切都表现得精确，线脚紧凑、结实，柱头上的弦线线脚、柱头顶板、额枋上的窄条等等都有良好的关系。

天然的物体和经过计算的产物都有着清晰和干净的形体；它们被清晰地组织起来。这是因为我们可以清晰地知道我们能分辨出、认识到和感觉到它们的和谐。我重申：表现形体的清晰性是一件艺术作品应该具备的基本要件。

如果大自然的杰作具有生命，如果计算的产物可以移动并对我们产生作用，这是因为有着一种起带动作用的统一的意识在为它们注入活力。我重申：在艺术作品中一定要存在目标的统一性。

如果天然的物体和经过计算的产物吸引我们的注意、令我们产生兴趣，这是因为二者中都蕴含着让它们获得个性的某种基本态度。我重申：艺术作品必须具有属于自己的独特个性。

帕特农神庙

连寸许的细枝末节都起作用。柱头圆盘的弧度像贝壳般一样合理。三圈弦线线脚离地面大约有15 米高，但比科林斯柱顶上的叶状花纹形成的篮子推敲得更加仔细。科林斯柱式所包含的精神跟陶立克的是两回事。一种精神上的事实在它们之间形成了鸿沟。

清晰的表现方式赋予作品具有活力的统一性，让它具有一种基本的态度和个性：这些都是纯粹的精神创造。

在绘画和音乐的领域内，这可以被人们普遍接受；但建筑被降低到它的实际功能的水准上：围墙、厕所、散热器、钢筋混凝土、圆拱或者尖拱等等。这些是构筑物，但是它们算不上建筑。建筑只存在于有诗意的情感中。建筑关乎造型。我用那些可以用眼睛看到和量度的"造型"去表达它。很显然，如果屋顶坍塌、中央供暖系统不起作用、墙壁开裂，那么建筑给人们带来的欢愉会大打折扣；这就像是一位先生坐在针毡上面或者在通风条件不好的环境中欣赏交响乐一样。

巴黎美术学院中一个出色的石膏模型

帕特农神庙

连寸许的细枝末节都起作用。线脚包括很多元素，但一切都是考虑到力的情况排列的。惊人的变形：方平线脚带有一些弯曲或倾斜，以便使人看得更清楚。雕切线条在半明半暗中形成了阴影的边界。

几乎每个建筑时代都跟结构的探索相联系。人们通常会就此得出一个"建筑就是结构"的结论。或许因为在当时，建筑师们的努力主要就集中在结构方面的问题上；但那不是无视二者区别的理由。毫无疑问，建筑师对结构的掌握，至少应该达到精通的程度，就像思想家对语法的掌握。而且，结构远远比语法困难和复杂，建筑师应该在这个方面做出很大的努力，毕竟这是他职业的重要组成部分；但是他不应该止步不前。

就房屋的平面而言，它的立体结构和表面部分取决于对功能方面的要求；部分取决于想象，比如造型方面的创造。因此，对于平面，乃至对于矗立在空间中的任何东西来说，建筑师进行造型方面的工作；他对造型目的的追求超过了对功能方面的追求；他完成了构图。

帕特农神庙

所有这些造型通过大理石得以实现，还带着我们已经掌握并运用在机器上的那种严谨性。看起来像经过抛光的裸钢。

接下来就到了他必须刻画外部轮廓的时刻了。他引入光和影来帮助他表达思想。剖面和轮廓也被引入其中了，而且它们不受任何约束；它们是一项纯粹的创造，决定着外部是光芒四射还是暗淡无光。通过轮廓我们就可以认出是哪位艺术家设计的这个造型；工程师的身份淡去了，他更像是一位雕塑家。轮廓是建筑师的试金石；在处理轮廓的过程中可以知道他到底是不是一个够格的造型者。建筑是一些体块在光线下精妙、恰当和壮丽的表达。轮廓也是如此。轮廓超出了那些只讲实际的人、大胆的人和机灵的人的能力范围；它们呼唤造型艺术家。

严谨的剖面。陶立克式的特点。

帕特农神庙

帕特农神庙　　大胆运用的方形线脚。

　　希腊和希腊的帕特农神庙，标志着纯粹的精神创造的最高峰：剖面和轮廓。

　　我们可以看到，它不是一个关于习惯、传统、建造方式、功能需要的问题。它是一个关于纯粹的发明的问题，非常私人化，以至可以被当成关于一个人的问题；菲狄亚斯建造了帕特农神庙，至于伊克蒂诺斯和卡里克利特这两位官方承认的帕特农神庙的建筑师，曾经建造过其他陶立克式庙宇，在我们看来冰冷而缺乏吸引力。充满激情、大气和高贵等各种各样的优点都深深镌刻在几何形的轮廓上——它们都是按照精确比例关系放置在一起的形体。是菲狄亚斯，伟大的雕刻家菲狄亚斯，创造了帕特农神庙。

帕特农神庙　　大胆运用的方形线脚，朴素而高贵。

帕特农神庙

山墙的墙面没有什么花纹。檐口剖面，就像工程师的图纸那样严谨。

任何地方、任何时代的建筑，没有可以与帕特农神庙相提并论的。它发生在事物发展最辉煌的时刻，当一个人被最崇高的思想激励，并把这些思想融入光与影的造型里的时刻。帕特农神庙的造型是毫无瑕疵、不可更改的。它的严谨超出了我们的习惯，或者说超出了人类的一般能力。在这里，看到了感觉生理学和数学推演的最纯粹的证据，它们固化了，并且起着决定性的作用。我们被感觉牢牢抓住了；我们为我们的思想陶醉；我们触动了和谐的轴线。没有与宗教信条有关的问题掺杂于其中；没有象征意义上的描述，没有自然主义的形象体现；除了精准的纯粹形体之外这里并无他物。

两千年来，那些见到过帕特农神庙的人，都会感到那里曾经有过一个关于建筑的重要的时刻。

我们正处在一个重要的时刻。当前，各种艺术正在摸索属于它们的道路，例如绘画已经逐渐找到了健康的表达方式，并且正在强烈地触动着人们。帕特农神庙为我们带来了确定的事实：崇高的感情和数学的秩序。艺术就像诗一样：意识的情感，鉴赏时精神上的愉悦，对触动我们心灵的轴线原则的理解。艺术就是纯粹的精神创造，它告诉我们，某些高度，就是人类所能触及的属于创造的顶峰。当人们意识到自己在进行创造的时候，会感到无与伦比的幸福。

雅典卫城遗址

批量生产的住宅

一个伟大的时代已经开始。

存在着一种新精神。

工业，就像奔向终点的洪水那样奔腾翻涌，它为我们带来了适应于这个被新精神激励着的新时代的新工具。

经济法则强制性地支配着我们的行为和思想。

住宅问题是一个时代的问题。当今社会的平衡有赖于它。在这个革新的时期，建筑的首要任务是提出对价值的修正，并重新修正住宅的组成要素。

批量生产是建立在分析与实验基础之上的。

工业应当大规模地从事住宅建造业，批量制造住宅构件。

我们必须树立批量生产的观念：

建造批量生产的住宅的观念。

住进批量生产的住宅的观念。

拥有批量生产的住宅的观念。

如果我们从感情和思想中剔除了关于住宅的固有观念，从批判的和客观的立场看待这个问题，我们就会领悟住宅即工具，要批量地生产住宅，从陪伴我们一生的劳动工具是美好的这一角度来看，这种住宅是健康的（也是合乎道德的）和美好的。

艺术家的情感可能给这些精密而纯净的功能元件带来的活力，也赋予它们一种美。

  一项由卢舍先生和波奈维先生提出的计划获得批准，将在法国建造50 万套价廉质优的住宅。这在建筑的历史上是一个不寻常的事件，同时也不能用寻常的方式来对待它。

  现在，有必要从头开始做起；为实现这项宏伟计划所需要的一切都没有准备好。应有的精神状态还没有达到。

  那是一种批量生产房屋的精神状态、考虑在批量生产的房屋中居住的精神状态、喜欢居住在批量生产的房屋中的精神状态。

  每件事都需要从头做起；一切都还没准备好。专业化的分工还没有进入房屋建造这个领域。没有这样的生产车间，也没有专业技术人员。

  但是无论何时，一旦批量生产的观念得以形成，一切都将会很快开始。实际上，在建造的各个分支中，工业就像自然力量那样强大，像奔向终点的洪水那样奔腾翻涌，将越来越多的自然原材料进行转化，生产出我们称之为"新材料"的东西。它们数量众多：水泥和石灰、钢梁、卫浴组件、绝缘材料、管材、小五金、防水涂料……这些东西在建筑物建造过程中被大量堆放在建筑物中，并在现场使用；这耗费了大量的劳动力，采用了一个折中的解决方案。这是因为，各种各样的物品没有被标准化。因为应有的精神状态还没有达到，我们还没有对这些东西进行认真的研究，更没有对建设本身进行认真的研究；建筑师们和普通人都十分痛恨批量生产的观念（由于偏见和人们之间的相互影响）。

  工业革命给"建设"带来的第一阶段的影响是：人工材料取代了天然材料；用某种特定构成的原材料生产的、同质的人工材料（在实验室里经过实验和证明的）取代了异质的、不可靠的材料。天然的材料有可能带来无穷的构成变数，因此必须被构成稳定可靠的人工材料替代。

  另一方面，经济的法则也要求它的权利：钢梁和最近出现的钢筋混凝土都是纯粹的数学计算的体现，它们精确地、充分地将构成它们的材料的特性发挥到了极致；老式的木梁可能隐藏着一些存在潜在危险的疥疤，同时，将木材制成木梁的过程中还要造成大量的原料损耗。

勒·柯布西耶，1915 年，一组批量生产的钢筋混凝土住宅

外墙和内墙是轻质的填充墙，用黏土砖、轻混凝土块填料等做成，不需要专门的技术工人。两层楼板之间的高度跟门及窗子、柜子等的高度协调，所有这些高度都服从同一个计量体系。跟目前的通常做法相反，将来，大量生产的木工家具会放在墙边，由它们决定外墙和内墙的布置；外墙和内墙围绕着家具砌筑，总共只要一个工种的工人就可以建造起住宅，这就是瓦工。只有为各种服务设施安设的管道待装。

勒·柯布西耶，1920 年，混凝土住宅

就像灌水瓶一样，住宅从上面浇铸混凝土，并于三天内建成。它像铸件一样由模板建成。这震惊了我们当代的建筑师，他们还不相信三天能造好一所住宅；他们总觉得要花上一年时间，因为要建造坡屋顶、屋顶采光窗、孟莎式屋顶。

最后，在某些领域里，技术方面的专家们已经发话了。给水和照明系统飞速发展着；集中供暖的方式也开始对墙体和窗子的结构产生影响——例如易冷却的表面——结果是，石头这种老式的优质材料，曾经被用来建造一米甚至更厚的墙，它们逐渐被用风板制成的轻质空心墙取代。那些我们习以为常的东西已经失去了从前的地位；屋顶再也不必为了排水的需要而做成斜坡，深深的窗洞由于挡住了光线、限制了采光而被我们厌恶；厚厚的木板，想要多厚就可以做多厚，厚重得似乎可以永世不灭，但如果放在暖气片旁边，它就会崩裂，但一块3毫米厚的胶合板却丝毫不会变形……

在过去那些好日子里（现在还在延续着，唉！），这样的情景是司空见惯的：笨重的马车拉着巨大的石块来到工地，人们将它们卸下来、劈开、凿平、抬到脚手架上，手拿着尺子，花很长时间去调整它的每一个面……这样的一座住宅建造起来起码耗时两年；而现在，很多房屋只要几个月就能竣工；P.O. 公司最近在托勒别克建造了一座很大的冷藏库。用到的材料主要是跟小核桃般大小的碎煤炭和沙子；墙壁就像一层膜那么薄；可是这座建筑可以容纳非常多的东西。薄薄的墙壁却有良好的隔温效果，既能保暖又能防寒，尽管荷载很大，它的隔断墙只有8到10厘米厚。事情已经发生了实质性的变化！

运输难度已经到了一定程度；很明显，现有的房屋太重了。如果它们的重量可以减少八成，那将会呈现真正的现代风貌！变革让我们振作起来。企业家们购置了新的机器，它们制作精巧、耐用、高效。工地会变得像工厂吗？人们还谈论着一种用模子制造的房屋，用水泥砂浆从上方浇筑，一天之内就能完工，就像往瓶子里灌水那样。

渐渐地，大量的加农炮、飞机、卡车和火车车厢在工厂里被生产出来，有人就会问了："为什么不能生产房子呢？"由此你就具有了一种真正属于我们的时代的精神状态。任何准备都没有，但是任何事情都可以做。在接下来的20年里，大工业将会把标准化的材料整合起来，就像冶金工业所做的那样；技术上的成就将会把采暖、照明和合理施工方式等提高到我们无法想象的水平。工地也不再是乱七八糟的垃圾堆，所有东西不会再在那里堆积着、难以得到解决；财政机构和社会组织会运用审慎、有效的方式解决居住的问题，施工场所将会非常大，并像行政机构那样进行经营和管理。住宅，无论是城区的还是郊区的，都将会是规模很大而且方方正正的，而不是零乱地堆积着，符合批量生产和大规模工业化的要求。"量体制作"的建筑物很有可能消失。不可遏止的社会进步，将改变住户和房主的关系，会改变人们对于住宅所持有的一般观念，并且我们的城市也将会变得秩序井然，不再是乱糟糟的一团。房屋不再被造成无比坚固、无比笨重、足以对抗时间和损耗、可以被有钱人用以炫耀财富的那种；它们将成为一种工具，就像汽车成为一种工具那样。房屋将不再是一件有厚重的地基、深深地扎在土里、造得既结实又牢固、还引发了人们对家庭和种族的崇拜的古董。

将那些关于住宅的根深蒂固的概念从你的意识里清除出去，从客观和批判的角度看待这个问题，你就会体会到住宅即工具的观念，人人住得起的批量生产的住宅，比起从前的住宅要健康不知多少倍，从陪伴我们一生的劳动工具是美好的这一角度来看，这种住宅是健康的（也是合乎道德的）和美好的。

艺术家的情感可能给这些精密而纯净的功能元件带来的活力，也赋予它们一种美。

但也必须具有那种居住在批量生产的住宅里的精神状态。

勒·柯布西耶，1915 年，钢筋混凝土住宅

新的施工方法被运用在一所中产阶级住宅的建造上，它每立方英尺的建筑速度跟简单的工人住宅相同。施工方法运用的建筑资源允许采用大面积的并富有韵律的布局，形成了真正的建筑艺术。在这里，批量生产住宅的原则表现了它的真正价值：在富人住宅和穷人住宅之间存在着某种联系；富人的住宅带有某种程度的庄重和体面。

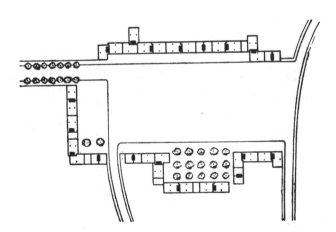

钢筋混凝土住宅平面设计图

钢筋混凝土住宅，住宅与作坊　墙体丝毫不承重；房屋的四周开窗。

勒·柯布西耶，1915 年，钢筋混凝土住宅内部

批量生产的窗、门、橱柜：窗子由一两个或者一打部件装配起来；或者一扇门有一个拱墩，或者两扇门有两个拱墩，又或者两扇门都没有拱墩，等等。柜子上部装设玻璃，下部装设了抽屉，可以存放书本和工具等等。所有这些东西都由大工业提供，按照统一的计量系统制造；彼此可以精确地适应。房子的框架建成之后，这些家具被安装到适当的位置去，用小枋子暂时固定，空隙用塑料片、砖块和木片填塞：通常的造房子方法被倒转过来，这可以省掉几个月的工期。人们获得了非常重要的建筑统一性，依靠模数或计量系统，实现了住宅内部的良好比例。

勒·柯布西耶，1922年，艺术家住宅

钢筋混凝土框架，空心墙，每层约有4厘米厚，用水泥喷枪喷成。直截了当地陈述问题；根据住宅的功能需求确定一所住宅的类型，像造出火车车厢和工具一样地解决问题。

勒·柯布西耶，1922年，批量生产的工人住宅

很好的小区，同样的住宅单元按不同方法建造。四根水泥柱子；水泥枪喷成的墙。它的美？建筑虽关乎造型，但不是浪漫主义的产物。

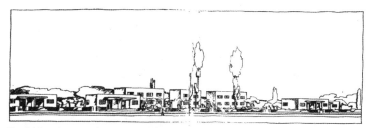

勒·柯布西耶，1919 年，粗级配混凝土住宅

地基是砾石层。当地有石矿。砾石和石灰一起浇筑约有 40 厘米厚的墙，楼板是钢筋混凝土的。一种特殊的美感直接从这种施工方法产生出来。现代工地的最佳经济效果要求只使用直线和方框支架，它们是现代建筑的特点，这是巨大的收获。必须从我们头脑里驱除掉浪漫主义的陷阱。

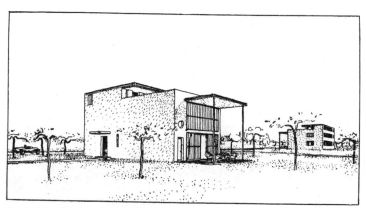

勒·柯布西耶，1922 年，批量生产的别墅

钢筋混凝土框架。大起居室的尺寸为 9.14 米 × 4.88 米；厨房、工人室；卧室、浴室、更衣室；两间卧室和一间"日光室"。

勒·柯布西耶，1921 年，批量生产的住宅

"西特洛罕"式的（不是在说"雪铁龙"）。就是说，一所住宅就像一辆汽车，要像公共汽车或者船舱一样来考虑和布置。住宅的实际需要可以搞得很明确，并要求解决。必须反对老式的住宅，它浪费空间，必须把住宅当作一架居住的机器或者工具。一个人创立一项实业时，先购置成套的工具设备，而当他建立家庭时，却租赁一间滑稽的公寓，到现在为止，人们还把住宅做成许多互不相干的房间的组合；这些房间里，总有些地方狭窄，被浪费。现在，幸亏人们没有足够的钱来延续这种习惯了，同时由于这非常困难，即让人们按照它的实际情况（居住的机器）来考虑问题，人们几乎不可能在城市里进行建设，产生灾难性的后果。窗子和门的尺寸都要调整，火车车厢和轿车都已向我们证明，人可以从很小的洞口出入，可以把面积计算到 6 平方厘米的程度；把厕所造成 10 米见方是犯罪。房屋的造价已经涨了四倍，必须减少古老的建筑做派，至少减掉一半的住宅体积；这以后就是技术人员的事了，人们将支持工业领域的发明创造，改变他们的精神面貌。

至于美感？美感来自于协调的比例：比例不要求业主做什么，而由建筑师来负责。只有情感上满足了，心灵才会被触动，而经过计算的东西能满足情感需要。住在没有坡屋顶的、墙面光得像铁皮的、带有许多像工厂里的窗子那样的住宅里，没有什么可耻的。相反，有一幢像打字机一样实用的住宅，可以引以为荣。

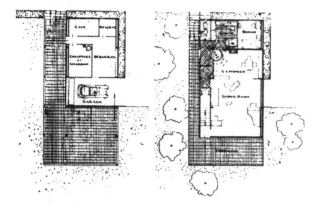

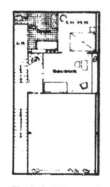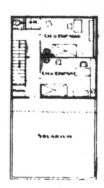

勒·柯布西耶，1921年，"西特洛罕"住宅

钢筋混凝土框架，大梁在现场制作，用手动绞车起吊到位。
空心墙，壁厚3厘米，用网眼钢板和混凝土做成，中间间隙
宽18厘米；楼板采用同一个计量系统，密闭式窗框，可调
节通风量，也采用同一个计量系统。布局适用于家庭运转；
光线充足，满足所有卫生要求，对工人也有很好的照顾。

勒·柯布西耶，1919年，"莫诺尔"式住宅

运输危机：普通住宅太重了，大量砖、木构件、水泥、方砖、瓦、屋架等等，需要花费不少运输成本，于是，一个工厂化生产住宅的问题就被提出来了。建造的方法是，用0.6厘米厚的石棉板，近1米高，中间填充粗制材料、骨料、卵石等等，就地取用；稍稍用石灰浆结合一下，留下空隙，以使墙垣能隔热保温。楼板与天花板用波形石棉板做模板，上浇大约几厘米混凝土。波形板留在楼板与天花板里形成隔离层。门、窗等一切木工活计在浇筑混凝土时安装。房子只用一个工种的工人，唯一需要运输的是两层0.6厘米厚的石棉板。

勒·柯布西耶，"莫诺尔"式住宅

一谈到批量生产住宅，就必然要谈到小区规划。结构构件的统一性是美观的保证。小区规划使建筑群有必要的布局变化，有利于大规模设计，形成真正的建筑韵律。一个规划得好的大批建设的小区给人以安静、有秩序、整洁的印象，它迫使居民遵守纪律。美国人为我们树立了一个榜样，取消了围墙和篱笆，这只在尊重别人的财产的风气形成之后才有可能；这种郊区看上去宽敞；因为如果围墙和篱笆拆掉了，光线和阳光就照耀一切。

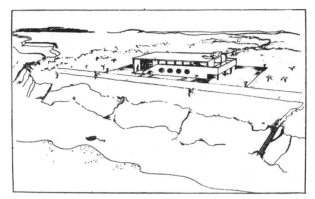

勒·柯布西耶，1921 年，用大批量生产的构件建成的海滨别墅

钢筋混凝土柱纵横 5 米间距；天花用微微起拱的钢筋混凝土板制成。在这个很像工业建筑的框架里，利用细长的隔墙实现平面按照需要布局。造价极低。

在审美方面，它获得了有重要意义的模数的统一。与比较复杂的结构相比，它的造价较低，因而建筑基地可以大一些，建筑面积也可以大一些。轻质墙和隔墙随时可以重新布局，从而平面可随意改变。

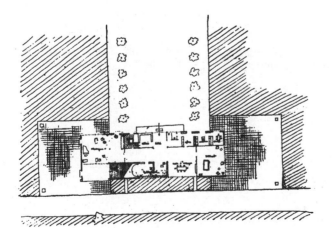

别墅平面，表明承重支柱规则地分布

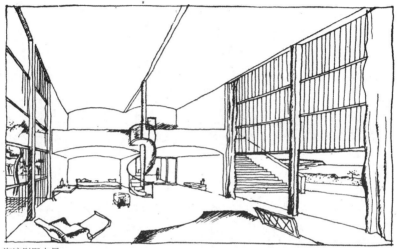

海滨别墅内景

等截面的混凝土柱子、浅拱天花、标准化的窗构件于虚实之间构成了建筑物的建筑元素。

勒·柯布西耶，"莫诺尔"式住宅内景，适合中产阶级居住

如果有文化的人知道可以大批量建造完美的住宅，且比他们的市内公寓廉价，他们就会立刻要求更好的郊区火车服务，以便充分利用城市周边的郊区。

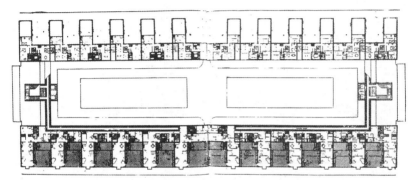

"公寓大厦"，一个伟大的房屋租售设想，勒·柯布西耶，1922 年
一层平面有大门厅，楼层有楼梯厅和主走廊公寓底层平面，阴影部分为空中花园

这是大型的供租售之用的大厦。一幢五层大楼，共有 120 套公寓。每套公寓都是两层的，有自
己的花园。一个公共机构管理着全楼的公共事务，解决家务危机 (一个刚刚开始的危机，且不
可避免的社会现实)。现代技术是如此重要，用机器和良好的组织让人们不必那么劳累；持续
的热水供应、集中供暖、冷藏、吸尘、饮水消毒等等。雇工不再强制性地拴在一户人家；在这
里他们也像是在工厂里一样，上班八小时，日夜有人值班。生熟食物由专人进行采购和制作，
价廉物美。一间大厨房按公寓的要求供应三餐，可在私人餐厅或者公共食堂用餐。每一所公寓
有一间运动室，屋顶上有一间公共的大运动场和三百米跑道。屋顶上还有一间交谊大厅任住户
使用。通常住宅里那种狭窄的门厅被一个宽敞的大厅取代，一位守门人在那里日夜接待来客，
指引他们进电梯。有一个巨大的带顶大院，地下车库的顶上是网球场。院子里、花园里的小路
旁，满是树木花草。每一层楼的空中花园里都种着常青藤和花卉。"标准化"在这里显示了作用。
这些公寓代表着合理与明智的房屋布局类型，没有在其一方向上有所强调，但既充裕又实用。
通过租售方式旧式很糟糕的房地产经营将不复存在。
用不着付租金，房客拥有此企业股票：20 年本利付清，利息相当于很低的房租。
在此类大型企业中，批量生产比在其他任何地方的都更重要：廉价。批量生产的精神在一个社
会困难时期带来了许多意想不到的好处：家庭经济。

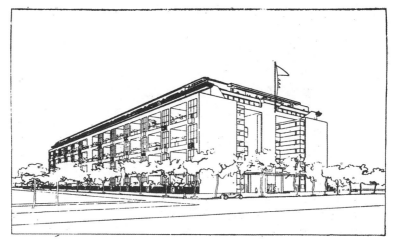

"公寓大厦"，概貌

"公寓大厦"，空中花园　每个小花园都与相邻的花园完全隔绝。

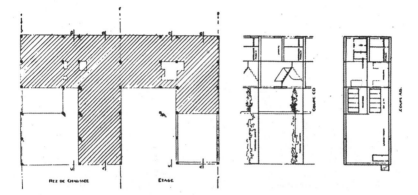

"公寓大厦" 单体放大，批量生产的柱、板式结构，空心墙。

"公寓大厦"的一个空中花园

"公寓大厦"的一个餐厅　右窗外可见空中花园。

"公寓大厦",门厅

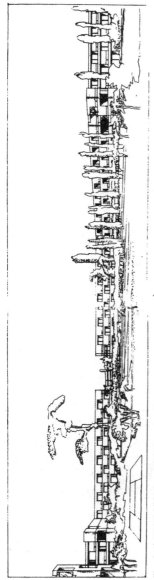

勒·柯布西耶和皮埃尔·让纳德，1925 年

分析一下分配给一座花园城市的每个居民的 400 平方码（1 平方码约为 0.84 平方米）土地：住宅和附属建筑物 50 到 100 平方码，300 平方码留给结草地、果园、菜园、花圃、空地等等。为维持它们要劳民伤财；收益是几把胡萝卜、一筐梨。这里没有游戏场、儿童、青年男女都不可能玩，不可能运动。应该每天每时都可运动，而且就在家门口运动，不是到体育场去，那里只有专业运动员和闲人才去。

把问题提得更合乎逻辑一些：住宅 50 平方码，供消遣的花园 150 平方码，以每户 50 平方码计。住宅前面就是很大的游戏场（足球、网球等），等等。一个农场主经营管理一个组。一些仓库储藏农产品。农业劳动者离开农村（渠道灌溉，农工劳动，集约的、产量很高的农业（花园和住宅位于土地面上，也可位于"蜂房"的 6 层）。

住宅前面是工业化的、集约的、产量很高的农业（渠道灌溉、农工劳动，一天工作八小时，运肥小车、运土壤和产品的车，等等）。农业劳动者离开农村。合乎逻辑地研究单元和它在总体中的功能，能提供一个当有成果的答案。工人可以用余下的时间当农民，生产出他自己消费的农产品的一大部分。建筑艺术？城市规划？合乎逻辑地研究单元和它在总体中的功能，能提供一个当有成果的答案。

波尔多的新住宅　第一组正在建造的房子。

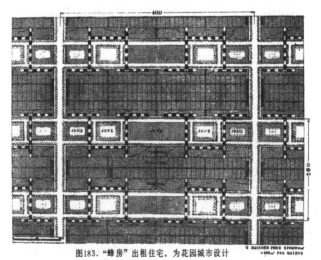

图183．"蜂房"出租住宅，为花园城市设计

"蜂房"出租住宅，为花园城市设计

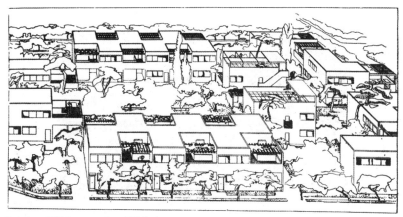

波尔多 – 佩萨克，1924 年，现代住宅

大型出租住宅区的一部分。基本构件被仔细地确定下来，并通过各种不同的组合呈现许多变化。这是建造工地的真正工业化。

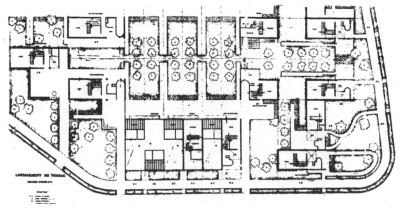

波尔多 – 佩萨克

本书的第一版深刻地影响了波尔多的大制造商。他们决心抛弃陈规。一个关于工业目标、建筑目标的宏伟思想引导制造商采取了勇敢的创新之举。可能是破天荒第一次（就法国而言），由于它，建筑迫切的问题以与时代相符合的精神解决了。经济、社会、审美：运用新方法的新解决方案。

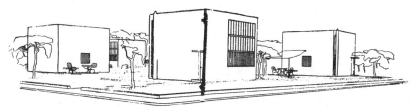

批量生产的手工艺者住宅　勒·柯布西耶和皮埃尔·让纳德，1924 年。

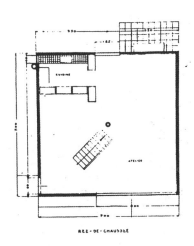

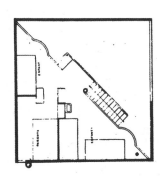

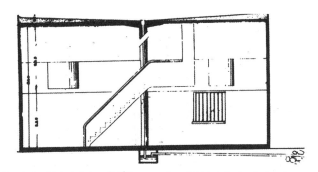

勒·柯布西耶和皮埃尔·让纳德，1924年，批量生产的手工艺者住宅

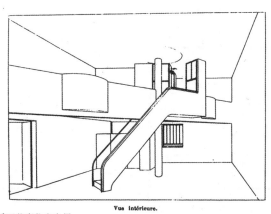

Vue intérieure.

手工艺者住宅内景

问题是：要让手工艺者住在一间很明亮的大工作间里。为降低造价，要用一些建筑手法尽可能削减隔墙和门，降低卧室惯有的面积和高度，住宅围绕着一根钢筋混凝土的空心柱子修建。墙用压制革板隔热，外面用水泥喷枪喷上4厘米厚的水泥砂浆，内面抹灰。整所住宅只有两个门。顶楼或上部楼层采用斜对角形式，允许天花完整地展开 (7米×7米)：墙面也呈现它们最大的尺寸，而且，楼层的对角形体形成了一种意想不到的尺寸：这所小小的7米见方的住宅，能够给人以10米见方的效果。

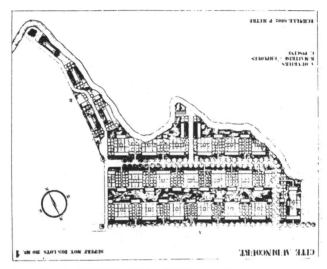

住宅方案　勒·柯布西耶和皮埃尔·让纳德，1924 年。

所有的住宅均用标准构件建造，称为"单元式"。地块都相等；规则地排列。建筑能够以一种精确的形式表现出来。

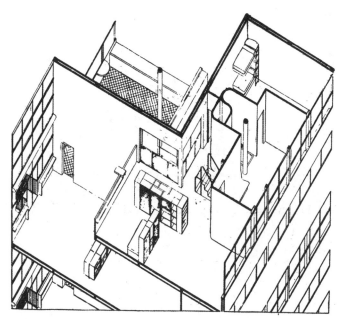

"别墅大厦"基本单元之一（见前图）　勒·柯布西耶和皮埃尔·让纳德，
1924 年。

一个批量生产的方案，为现代人而生：各要素均遵循建筑学原理，施工完全
工业化。

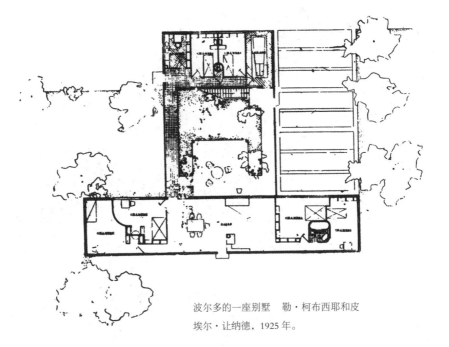

波尔多的一座别墅　勒·柯布西耶和皮
埃尔·让纳德，1925 年。

用批量生产的构件建造，与在佩萨克花园城的住宅使用同样的机械。大批量生
产不是建筑建造的障碍，相反，它带来了细节的统一和完美，并使建筑体块富
有变化。

波尔多一座别墅的轴测图

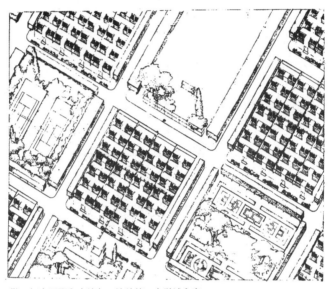

勒·柯布西耶和皮埃尔·让纳德，大学城方案

人们花了很多钱给大学生们建造一些大学城，试图重现牛津大学古老校舍的诗意。昂贵的诗意，贵得成了灾难。当今的大学生在任何情况下都反对建造古老的牛津大学；古老的牛津大学是出钱资助造大学城的人们的梦想。学生们想要的是一间斗室，既明亮又暖和，有一个角落可以凝望天上的星星。他们希望走两步就能跟朋友们一起进行体育活动。他们的斗室要尽可能地独立。所有的学生都有权住同样的斗室：穷学生跟阔学生住不同的房间，那是残忍的。问题是这样解决的：大学—城—旅舍；每间斗室有它的前室、厨房、浴厕、大厅、睡觉的夹楼和屋顶花园。围墙把他们分隔起来。他们在相邻的运动场上和公共服务楼的交谊厅里相聚。先进行分类，确定其类型，然后确定斗室及其各要素的形式，经济高效。至于建筑艺术？只要把问题阐述清楚，总是会有的。大学城的房子用锯齿形屋顶，这种结构方式可以随意扩建，有理想的日照，且能取消（昂贵的）粗笨的承重柱子或墙墩。墙是轻质隔热隔声材料做的，只起围护作用。

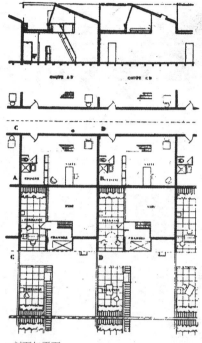

剖面与平面

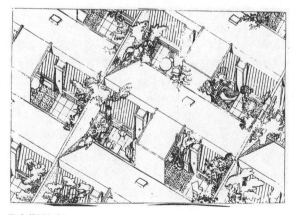

阳台花园细部

每一个人都梦想着安安稳稳地住在自己的房子里。这个梦想在目前的情况下还不能实现，所以它引起了一种内心真正的激动甚至歇斯底里；想要建造属于自己的住宅，就好像是在立下自己的遗嘱……当建造房屋的时刻终于来临，那不是属于瓦工或者木工的时刻，而是每个人为自己作一首诗的时刻，无论处于人生的哪个阶段。于是，在我们的城市和郊区，近四十年来都没有这么多的住宅，因为一座房屋就是事业最完美的结局……在这个时刻，人已经相当衰老，饱受病痛的折磨，还要面对死亡的威胁……同时也受到疯狂想法的折磨。

一个与新精神有关的问题：

我已 40 岁了，为什么我不为自己买一所房子呢？既然我需要这件工具；一所按照我买的福特汽车（或者我的雪铁龙汽车，如果我是个特例的话）那种规则建造的房子。

勒·柯布西耶和皮埃尔·让纳德，画家工作室

已经为这项任务做出贡献的合作者：大工业、专业的工厂。

必须争取到的合作者：郊区铁路线路、金融机构、已改头换面的巴黎美术学院。

目标：批量生产的房屋。

联合：介于建筑师和有品位的人之间的人，喜爱住宅的一般大众。

执行者：企业和真正的建筑师。

有力证明：

1. 航空博览会；

2. 以美著称的城市（威尼斯总督府、里沃利大街、孚日广场、跑马场、凡尔赛宫等等：全是批量生产）。批量生产的住宅要求人们从一种很广的视角去观看。批量生产的住宅要求人们对住宅的每一个细部进行仔细的研究，而且需要研究出一种标准、一种形制。当一种形制被创造出来，我们就已经站在了美的大门口（比如汽车、轮船、火车车厢、飞机）。批量生产的住宅对各种各样的部件、窗子、门、建造的方法、材料之间的统一性有着强制性的要求。细节和大的基本框架都要具有统一性——这是必要的，在路易十四时期的乱作一团、拥挤不堪、七拼八凑、难以居住的巴黎，有一位非常有智慧的名叫劳吉埃的神父投身于城市规划的工作中，他呼吁：细节上要统一，但总体效果要多样化（我们如今正在做的事情和这种呼吁背道而驰，细节上呈现疯狂的多样性，而我们的街道和城市却千篇一律）。

结论：我们正在谈及我们的时代里的一个紧迫的问题，不仅如此，我们还在谈及关于我们的时代的问题。左右着社会的平衡的，归根到底是建设的问题。我们得出结论，必须从二者中选出一个：不搞（新）建筑就要革命。

热内维利埃发电厂（四万千瓦发电机）

不搞（新）建筑就要革命

在工业的各个领域内，新的问题不断涌现，与之相应的新型工业不断被创造。如果把这事实跟过去对照一下，这就是革命。

在房屋建造业中，构件已经开始被批量地生产；面对新的经济需要，整体和细部的构件都被创造出来；在细部和整体上都产生了显著的成效。如果我们将事实与过去对照，这就是方法上和规模上的革命。

建筑的历史，在过去的许多个世纪里，只在构造上和装饰上缓慢地演变，但是最近的五十年以来，钢铁和混凝土一路高歌猛进，建造能力有了巨大提高，一些古老的建筑法则为之所抛弃。与过去相比较，我们就会发现那些"风格"对我们来说已经不复存在了，一种属于我们时代的风格已经建立起来，这就是革命。

我们的意识已经自觉或者不自觉地认识到了这些事实，新的需求也自觉或者不自觉地产生了。

社会的机器，已经彻底运行错乱，在两种结果之间摇摆不定——要么引发一场具有里程碑意义的变革，要么引发一场大灾难。当今社会各个阶层的人们，不再拥有适合他们的安身之所；工人们没有，知识分子也没有。

当今社会动荡的根源在于房子的问题：不搞（新）建筑就要革命。

在工业的各个领域内，人们都提出了新的问题，并创造出用来解决这些问题的大量工具。我们还没有充分认识我们的时代和之前的时代之间深深的鸿沟；人们承认这个时代带来的巨大变化，但有意义的事情是将这个时代的整体画卷——智力、社会、经济和工业等活动——拿出来跟 19 世纪初叶进行对比，还包括将它与人类文明的整体进程进行比较。我们很快就能发现，人们为自己制造的工具，自动地迎合了社会的需要，而且只在缓慢的进化中经历了细微的完善，如今却以令人惊异的速度发生着变化。这些工具在过去总是掌握在人类的手中，如今它们彻底重生，变得强大，眼下已经脱离了我们的掌控。"人类动物"站在他不能掌控的工具面前心慌意乱地喘着粗气；在他看来，进步是一件既让人觉得可恶又让人赞叹的事情；在他的意识中一切都是混乱的；他觉得自己被一种近乎疯狂的东西奴役着，丝毫感受不到任何解脱、舒适或者改善。这是一个伟大的时代，也是一个危机四伏的时代，尤其是道德方面的危机。为了渡过这个危机，必须具有一种精神面貌，去理解正在发生的事情；人类动物必须学会使用他的工具。当人类动物穿上他的新铠甲，并且知道了他应该做出什么样的努力时，他就会看到事态发生了转变：向着更好的方向转变。

对于过去再多说两句。我们自己的时代，也就是说，仅仅指与从前的十个世纪相对的、刚刚过去的五十年。在较早的时代里，人们按照他们称之为"自然的"的系统安排生活的秩序；他以自己的肩膀担起了重任，将它们完成得很圆满，承受着他的小小事业带来的各种结果；他日出而作、日落而息；他放下手里的工具时，丝毫不为手头的工作操心，只是在第二天继续做下去。他在家里或者小作坊里干活儿，家人围绕在他身边。他像一只住在自己壳里的蜗牛那样，住在合乎自己尺寸的房子里；没有什么事情促使他改变这种状态，因为这对他来说已经很和谐了。家庭生活正常地进行着。父亲从孩子们还在摇篮里的时候开始照管他们，后来他们也进了他的小作坊；劳动之后获得报偿，在家庭的秩序里一切都顺顺当当地进行着；然后整个家庭获得收益。当事情这样发生时，社会处于稳定的状态，而且能够持久。这就是之前的十个世纪里，以家庭为单位来组织劳动的情况；这也可能是 19 世纪中叶以前的每个世纪中发生着的情况。

纽约"公平大厦"

钢铁联合公司建造的钢结构

不过，让我们再观察一番如今的家庭机制。工业为我们带来了批量生产的产品；机器与人类密切合作；每个工作岗位都严格地挑选最适合的人；粗工、技工、工长、工程师、经理、高级管理人员——每个人都有他恰当的位置。一个具有经理才干的人，就不会只当一名技工。更高级别的职位向着每一个人开放。专业化分工将人们捆绑在他所使用的机器上。每一个工人都被要求绝对准确地完成自己的工作，因为工件一旦被传送到下一道工序的工人那里，就不能再收回来进行修正和调整了。工件必须被加工得很精确，原因在于它是一个细化了的单元的一部分，应当被准确无误地装配到整体之中。父亲不再向儿子传授那些在他的小作坊里用得到的各种各样的技能和诀窍；一位陌生的工长一丝不苟地针对有限的、明确的任务进行着指导。一个工人只加工一个极其微小的部件，往往在几个月的时间内加工的是同一个部件，还有可能是几年或者一辈子都在加工着同一个部件。他只有在产品最终完成后才能看到他的劳动成果，而在那个时候，产品已经通过了检查，光鲜闪亮，正被放在工厂的院子里，等着被装进货车运送出去。小作坊式的精神已不复存在了，但是毫无疑问，存在着一种集体精神。如果工人很聪明，他就能够理解他劳动的目的并从中获得理所应当的自豪感。当《汽车》宣布，某某品牌的汽车时速可达 290 千米的时候，这些工人会聚集在一起，相互说着："这是咱们的汽车！"这是一种很重要的道德因素。

美国跑车，250 马力，速度为 257 千米 / 小时

八小时工作制！工厂里的"三班倒"！工人们像接力赛跑那样工作。一个人晚上 10 点开始工作，早上 6 点结束工作；另一个人却在下午 2 点下班。我们的立法者在同意八小时工作制的时候，有没有认真地想一想呢？从早上 6 点到晚上 10 点，那些闲下来的工人应该做点什么呢？还有那些从下午 2 点直到晚上没事情做的人？在这种情况下，家庭会变得怎样？有出租房，你会说，它们可以接纳和招待他们，工人们懂得如何健康地利用业余时间。但是，这恰恰是不对头的；出租屋是丑恶的，人们的头脑也还不足以好好利用业余时间。那么我们可以说：要么搞（新）建筑，要么道德败坏——道德败坏会导致革命。

纽约

让我们来看一下另一点：

现在了不起的工业活动，经常会引起人们的关注；每时每刻，激动人心的新鲜事物都能直接地或者通过报纸杂志展现在我们的眼前，吸引着我们去探究它们的成因，让我们欢喜让我们忧愁。从长远的角度看，现代生活中的所有事物，带来了一种现代的精神面貌。我们陷入困惑，接着，我们惊慌的回顾那些破败的老屋，那是我们的蜗牛壳，我们的居所，每天与它们的接触都让我们倍感压抑——它们令人厌恶、毫无用处。机器随处可见，它们生产着一些令人羡慕的、干净利落的产品。可我们所居住的机器却像一辆充满了病菌的破旧马车。我们在工厂里、办公室或银行里那种健康、有意义、有成效的日常活动和我们那束缚手脚的家庭生活之间，并不存在真正意义上的联系。家庭处处遭到遏制，而且人们的思想被不符合时代潮流的东西奴役着，变得士气低落、毫无斗志。

每个人的观念，都是由他所参与的当代事件塑造的，这种观念有意识或者无意识地促成了一些愿望；这些愿望很自然地关乎家庭，这也是它作为社会基础的本能。如今每个人都认识到，他需要阳光，需要温暖，需要清新的空气和干净的地面；男人们知道要穿戴一个硬挺的雪白衣领，女人们则偏爱优质的白色细麻布。现在的人们觉得他们应该享受精神上的消遣、身体上的放松，还有必要的体育运动来帮助肌肉和大脑从辛苦劳动带来的疲劳紧张中恢复过来。这大量的愿望实际上是大量的需要。

现在我们的社会机构没有为响应这些需要做任何准备。

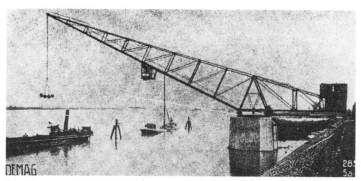

起重机

莱茵河上的运煤船

再一点：面对着现代生活现实的知识分子们，可能得出什么样的结论呢？

在我们的时代，工业的繁荣昌盛催生出一个特殊的阶层——知识分子，他们人数众多，是很活跃的社会阶层。

在生产车间、技术部门、研究机构、银行和大型商场、报社和杂志社里，都有工程师、部门主管、法定代理人、秘书、编辑、会计等等，他们认真工作，恪尽职守，创造出使我们赞叹不已的成果：他们为我们设计出桥梁、船舶和飞机；他们制造出发动机和涡轮机；他们指挥车间和工地上的劳动；他们为资金分配和会计工作出力；他们从各地和工厂里采购货物；他们在媒体上发表许多关于现代化生产的利弊的文章；他们用图表记录着人们在劳作时、在长期劳作时、在危险时刻、在神经错乱时的高温度曲线。人类所有的物质产品都要经过他们的手。在最后，他们的观察必然将他们引向一个正确的结论。这些人眼巴巴地盯着大商场里展示的琳琅满目的货物。现代的生活在他们面前闪闪发光……却被栏杆挡在另一边！他们回到自己的家里，可以暂时休息一下，因为无法得到与付出的劳动相称的酬劳，所以他们重新钻进脏兮兮的蜗牛壳，甚至不敢建立一个家庭。如果他们建立了家庭，就要开始遭受漫长的折磨。这些人也有权利要求拥有一个用来居住的机器，这是朴素而合乎人道的要求。

工人和知识分子对家庭生活的追求这种深刻的本能，都受到了阻碍；他们每天都在使用这个时代提供的出色、高效的工具，但是他们没有办法为了自己而使用它们。再没有什么事情比这更令人沮丧、气愤的了。一切准备都没有做好。我们完全可以说：不搞（新）建筑就要革命。

来自克鲁梭工厂的涡轮盘：四万千瓦

现代社会不但没有给知识分子应得的酬劳，还放任旧有的房地产所有权形式严重妨碍着城市和房屋的改造。旧的房地产所有权来自于继承，它的最高目标是维持一种惯性状态，不进行改变，维持现状。当人类的进取心屈服于竞争这种残酷的战争时，房屋的主人们却躲藏在他们的房子里，想象自己就是国王，用一种高贵的傲慢逃避着普遍的规律。在现有的房屋产权制度之下，建立一种集约的建设规划是不可能的。因此，必要的建设也无法进行。但是，如果房屋产权制度发生变化——它正在变化着——那么建造也就成为可能；关于建造房子的热情将会产生，我们则可以由此避免一场革命。

一个新的时代只有在做了长久的、沉默的准备工作之后才会到来。

每小时输出 57 000 立方米风量。

"布加迪"引擎

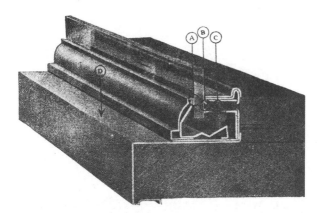

芝加哥，工业化的窗框构造大样

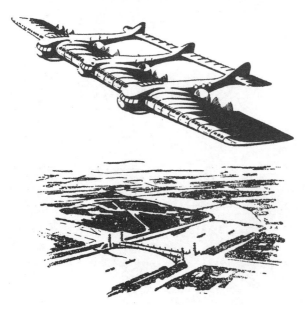

一种预测：未来的飞机

工业已经创造了它的工具。

企业已经修正了它的习惯和惯例。

结构已经找到了它的新方法。

建筑发现自己要面对新的法则。

工业已经创造了新的工具：这本书中的插图提供了可以证明这一点的证据。这样的工具可以造福人类、减轻他们的劳动负担。如果这些新的情况与过去的情况形成对立，那么就可以称之为革命。

企业已经修正了它的习惯：如今的企业肩头有着沉重的担子——成本、时间和产品的质量。企业的办公室里坐满了工程师，他们忙着计算，并实践着经济法则，寻求将两个看似水火不容的因素结合在一起："价廉"和"物美"。每一个创新的举措都饱含着智慧，大胆的革新被渴望着。工业的道德观已经发生了变化：当今的大企业是健康、有道义的机构。如果我们将这种新的事实与过去的对照，我们会发现这就是方法上的革命和规模上的勇敢探索。

弗莱西奈和利穆赞，工厂

弗莱西奈和利穆赞，飞机库

跨度 80 米，高 50 米，长 300 米。而巴黎圣母院的主殿跨度 12 米，高 35 米。

弗莱西奈和利穆赞，位于奥利的巨大
飞船库

跨度 80 米，高 56 米，长 300 米。

结构已经找到了它的新方法，这些方法自身就意味着一种长期追求而未得到的解放。如果我们拥有了一整套足够完善的工具，通过计算和发明，一切都有可能，并且，这样的一套工具现在已经存在了。混凝土和钢材已经彻底改变了迄今为止人们所知道的所有的结构形式，并且，由于具有一定的精确度这些材料能够满足计算和理论的要求，每一天都产生令人鼓舞的成果——不但是获得成功，还有它们的外观，让人们回想起了自然界中的现象，还时不时重现人们从自然中获得的经验。如果与过去相对照，我们会对这样的事实赞叹不已：新的方法被找到了，我们要做的只是去利用它们（如果我们足够明智去打破成规的话），而它们会将我们从那些一直迫使我们忍受的束缚之下解放出来。这就是结构方式上的革命。

建筑发现自己要面对新的法则。结构已经经历了如此巨大的革新，那些依然困扰我们的老旧的"风格"，已经不能涵盖它们了；正在被使用的材料也都在逃避装饰艺术家们的摆布。结构方式提供了大量的、形式上和韵律上的新生事物，布局和新的工业项目等领域中也涌现了大批的新生事物，我们无法再对这些建立在体形、韵律和比例之上，深刻而又真实的建筑法则熟视无睹了：那些"风格"不复存在了，它们与我们毫不相干；如果它们依然纠缠我们，那它们就跟寄生虫没什么两样了。如果我们回顾过去，我们会得出这样的结论：那部由过去四千年的条例和章程积累而成的古老的建筑法典，已经引不起我们的任何兴趣了；它跟我们已经无关；所有的价值已经被重新评估；围绕"建筑为何物"的建筑观念，已经发生了革命。

如今的人们受到来自四面八方的反应的困扰，一方面，人们感到一个新世界正在合乎规则地、合乎逻辑地、非常明确地形成着，它会通过

位于都灵的菲亚特汽车厂，屋顶上有试验跑道

非常简洁的途径创造出有用、可用的东西来；而另一方面，人们会惊愕地发现他们正身处一个老旧的、不利的环境中。这种枷锁就是他们的住处；他们的城市、街道、房子或公寓都跟他们作对，阻挠他们以与在工作中所追求的同样的方法进行休闲活动，妨碍他们在休息的同时追求生存方面的有机发展，也就是建立家庭，并像地球上所有的动物那样、像一切时代的所有人群那样，过上一种有序的家庭生活。正因为如此，社会正在促使家庭的分崩离析，可它同时又惊恐地看到，它自己也将因此而走向毁灭。

在我们视作警告的现代的思想意识和那些长年累月堆积而成的令人窒息的垃圾碎屑之间，存在着一种巨大的不协调。

这是一个有关适应的课题，它牵涉到我们生活中的所有现实问题。

社会中充满了对某样东西的强烈渴望，也许能够得到，但也有可能得不到。所有的事情都在于此：一切都取决于我们能够付出多大的努力，我们能够对这些令人不安的征兆给予多少关注。

不搞（新）建筑就要革命。

而革命是可以避免的。

石楠木烟斗

鸣　谢

感谢下列图片版权所有人：Crossley and Co. Ltd. 的诸位；
Indented Bar and Concrete Engineering co. Ltd. 的诸位；
John P. White and Sons Ltd. 的诸位；
Langley London Ltd. 的诸位；
以及名字标注在图片下方的建筑师们。

图书在版编目（CIP）数据

走向新建筑 /（法）柯布西耶著；杨至德译 . -- 南京：
江苏科学技术出版社，2014.2
ISBN 978-7-5537-2180-4

Ⅰ.①走… Ⅱ.①柯… ②杨… Ⅲ.①建筑美学
Ⅳ.① TU-80

中国版本图书馆 CIP 数据核字 (2013) 第 239712 号

走向新建筑

著　　　者	[法] 勒·柯布西耶	
译　　　者	杨至德	
责 任 编 辑	刘屹立	
特 约 编 辑	赵　萌	

出 版 发 行	江苏凤凰科学技术出版社
出版社地址	南京市湖南路1号A楼，邮编：210009
出版社网址	http://www.pspress.cn
总 经 销	天津凤凰空间文化传媒有限公司
总经销网址	http://www.ifengspace.cn
印　　刷	固安县京平诚乾印刷有限公司

开　　本	710 mm×1 000 mm　1 / 16
印　　张	14
版　　次	2014年2月第1版
印　　次	2020年4月第4次印刷

标 准 书 号	ISBN 978-7-5537-2180-4
定　　价	42.00元

图书如有印装质量问题，可随时向销售部调换（电话：022-87893668）。